数字化电力设备应用

主　编　汪泽州　张泰山　王许琴
副主编　倪晓璐　周　翀　李钟煦
　　　　蔡群峰　孙豪豪　黄国良

中国电力出版社
CHINA ELECTRIC POWER PRESS

内 容 提 要

本书结合现场实际情况，分为配电、输电、变电三大专业，对数字化电力设备选型、功能解说、使用要求、材质甄别、诊断方法等进行了详细解说，旨在辅助专业人员使用和指导零基础人员快速掌握数字化电力设备。

本书内容包括四章：第一章介绍数字化电力设备的概念与应用前景；第二～四章分为配电、输电、变电三大专业，结合实例，对数字化电力设备进行了由浅入深的解释说明。

本书具有较强的实用性和指导性，可供输配变运检技术人员及相关管理人员使用，也可为输配变运检专业培训及相关专业人员自学提供参考借鉴。

图书在版编目（CIP）数据

数字化电力设备应用 / 汪泽州，张泰山，王许琴主编；倪晓璐等副主编. -- 北京 ：中国电力出版社，
2025. 7. -- ISBN 978-7-5239-0196-0

Ⅰ．TM4-39

中国国家版本馆 CIP 数据核字第 2025M8W602 号

出版发行：中国电力出版社
地　　址：北京市东城区北京站西街 19 号（邮政编码 100005）
网　　址：http://www.cepp.sgcc.com.cn
责任编辑：穆智勇
责任校对：黄　蓓　马　宁
装帧设计：郝晓燕
责任印制：石　雷

印　　刷：北京世纪东方数印科技有限公司
版　　次：2025 年 7 月第一版
印　　次：2025 年 7 月北京第一次印刷
开　　本：710 毫米×1000 毫米　16 开本
印　　张：11.5
字　　数：174 千字
定　　价：70.00 元

编　委　会

王腾达	揭业伟	鲍健飞	李凯	李爽
胡松松	陈吉	黄刚	刘海林	周晓琴
刘盛辉	杨春环	刘斌	石惠承	干玉成
赵力航	张有兵	任春达	董康	程时进
徐惠燕	董琪	余允涛	王晨波	罗利峰
陈森杰	曹哲成	张伟参	郭能俊	董奇论
王昇凡	邓亮	陈荣鑫	陶倩敏	杨洋
王雪婷	廖靖宇	胡英伟	方鑫达	吴闯闯
羊鑫昌	屠孝杰	李想	方李明	周弘毅
钱厚池	李奎	宋丽	李豹	郑涛
孙帅	王建城	段先栋	张依辰	薛天琛
钱盾	曾明全			

前　言

　　"十四五"规划和 2035 年远景目标纲要擘画了我国高质量发展的宏伟蓝图，开启了全面建设社会主义现代化国家新征程。加快发展现代产业体系、巩固壮大实体经济根基，离不开现代能源体系的有效支撑。电力系统作为现代能源体系中的重要一环，提高其安全风险防控能力被写进国家电网有限公司的战略体系。

　　电力设备是电力企业的核心生产要素，要适应数字化、智慧化、物联化等新时代设备技术和设备管理趋势的要求，使进入电力系统的所有设备都具备数字化功能，可支撑电力企业设备数字化管理，构建全过程、全覆盖、全寿命的数字化设备管理体系，使每台设备健康状态可观测、可调节、可管控，夯实筑牢设备本质安全基础。

　　为了加强数字化电力设备普及应用，提升相关专业技术及管理人员对设备使用能力和检修决策水平，本书结合现场实际情况，对数字化电力设备功能解说、使用要求、材质甄别、诊断方法进行了详尽的解说。

　　全书分为四章，分别介绍了数字化电力设备的概念与应用前景、配网数字化电力设备及使用规范、输电数字化电力设备及使用规范、变电数字化电力设备及使用规范。本书立足数字化电力设备的实际工作场景，引用实例进行辅助说明，对于输配变运检技术人员数字化电力设备使用能力的提升、管理人员安全管控能力的加强、输配变运检专业培训及相关专业人员自学均具有较强指导意义。

　　本书在编写过程中得到了诸多输配变技术专家的帮助和支持，国网浙江省电力有限公司嘉兴供电公司的一线运检人员为全书提供了宝贵的现场经验和指导，在此一并表示感谢。

全书编写完成后，编写组广泛收集意见并充分讨论，其间几易其稿，力求内容的严谨和准确。由于编者水平所限，书中难免存在不足之处，敬请广大读者批评指正。

编　者

2025 年 6 月

目　　录

第一章　数字化电力设备的概念与应用前景

随着信息技术的快速发展和应用领域的不断拓展，它所带来的巨大革命性变化越来越让人们认识到信息技术的巨大潜能，各个领域与之相结合几乎都有无限的拓展空间。对于电力系统同样如此，目前在电力生产、传输、分配和应用领域各种信息技术不断被加以应用，从而推进了电力工业技术的快速发展。电力设备是电力系统构成中非常重要的组成部分，为了适应电力系统不断发展和进步的需要，同时满足电力设备自身性能提高的要求，发展数字化电力设备已经成为当前的一种趋势。数字化电力设备就是将信息技术完美地融合到传统电力设备之中，以数字化信息的利用为基础，进一步提高电力设备的性能指标及其自身的可靠性和安全性，同时为系统提供更加完整和丰富的数字化信息，进而提高系统的整体性能。

第一节　数字化电力设备的内涵特征和基本架构

传统的电力设备主要具备电能传输、变换、开断等实现电能分配的基本功能。数字化电力设备是在传统电力设备基础上，利用先进的数字化技术全面、及时、准确地获取电力设备在网运行、服役环境、健康状态等关键信息，以数据为核心将电力设备设计制造、运行维护、退役回收等全生命周期管理各环节深度融合，实现设备的物理实体和数字化虚拟孪生体深度交互的新一代电力设备。数字化电力设备的主要内涵特征包括以下三个方面。

1

（1）利用智能传感、物联网、云计算、大数据、人工智能、数字孪生等先进的数字化和智能化技术实现电力设备在网运行、服役环境和健康状态数据的采集、传输、处理、分析及应用，为设备研发设计和智能运维提供全面支撑。

（2）将设计制造、测试试验、状态监测、运行维护等电力设备全生命周期管理各环节数据深度融合，通过云平台、区块链等技术实现全生命周期数据的安全共享和互通。

（3）通过数字化建模、多物理场仿真等手段构建高度保真的电力设备数字孪生体，在设备数字孪生体上全面、动态反映物理设备状态变化，实现设备状态精准感知、推演预测和模拟操作，并可作用于物理实体进行信息交互和优化控制。

数字化电力设备的实现包含设备本身的数字化转型升级和衍生出数字孪生体两个层级。设备数字化转型升级主要是将传统模式下电力设备固有特性和运行状态相关的数据、文件、影像、信息等元素转换成数字化的形式，利用先进的数字化技术进行传输、存储、管理、分析和应用，提高电力设备设计制造、试验测试和运行维护的智能化水平和设备的可靠性。而电力设备数字孪生是数字化电力设备的重要技术手段和高级实现形式，主要以智能传感、物联网、计算仿真等数字化技术为基础，通过在数字空间构建物理设备的全息虚拟孪生模型和实时仿真分析，更为精准地掌控和预测设备状态。数字化电力设备实现的基本架构和关键技术体系如图1-1所示，主要围绕设备数据的采集、处理、分析和应用，分为4个层次。

（1）数据采集层：实现电力设备物理实体三维数字化建模数据及在网运行、环境、状态数据的采集、汇聚和边缘计算，涉及的关键技术问题是电力设备状态智能感知。数据的重要来源是 PMI（product & manufacturing information），即产品制造信息，在三维 CAD 和协同开发系统中，为生产制造提供必要的非几何属性数据。PMI 在制造业产品设计和生产制造中应用广泛。

（2）数据处理层：提供数据通信、管理和支撑服务，主要利用电力设备物联网平台实现数据的传输、清洗、存储、共享及不同来源数据的集成和融合，涉及的关键技术问题是设备状态数据的安全可靠传输和高效处理。

（3）数据分析层：通过构建物理机理模型和数据驱动模型支撑电力设备物理实体和数字孪生体的相互映射及设备状态评估诊断，涉及的关键技术包括数字孪生建模仿真、大数据分析和人工智能机器学习等。

（4）数据应用层：主要为电力设备智能运维和研发设计提供支撑，可实现的核心功能包括可视化展示、状态评估与故障预测、运行风险和寿命评估、安装维护和操作的虚拟仿真、设备优化设计等，涉及的关键技术问题包括设备状态精准评估与智能诊断、复杂多维信息的合成与可视化等。

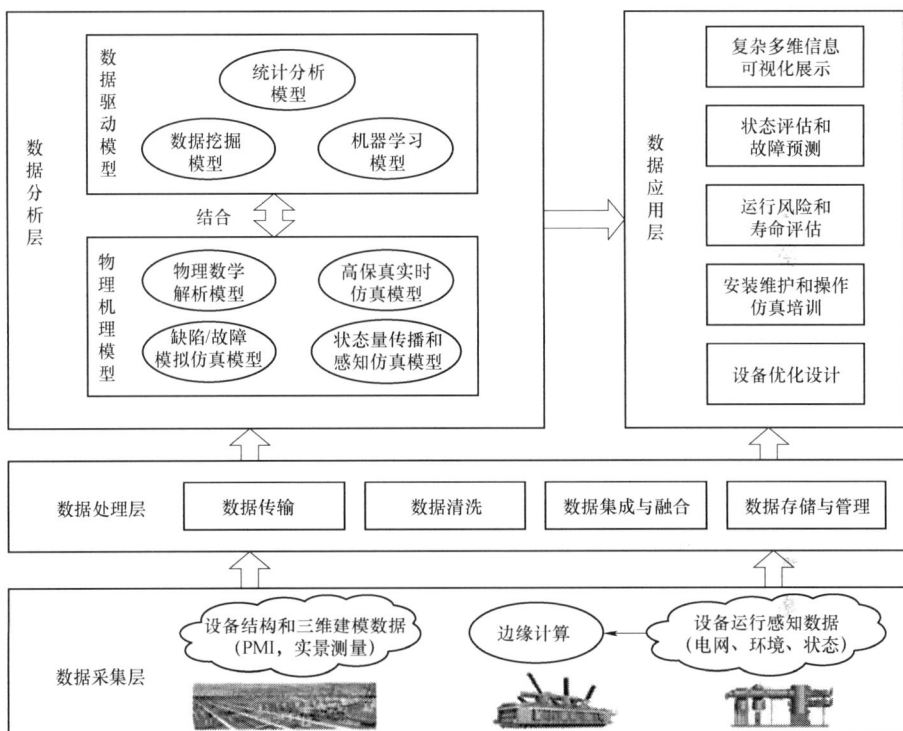

图 1-1　数字化电力设备实现的基本架构和关键技术体系

第二节　数字化电力设备的应用发展前景

数字化电力设备的发展需要立足我国电力设备产业的现状，面向新型电力系统的要求，围绕电网企业数字化转型的基本目标，针对数字化电力装备亟需的关键技术开展系统研究。构建数字化电力设备的基础理论方法体系，攻克高性能传感器制备与测试、数据安全接入和全生命周期数据管理、数字孪生建模仿真、设备状态精准评估和智能诊断分析等一系列核心关键技术，研发支撑数字化电力设备的专用传感器、智能感知终端、测试平台核心工业软件及数字孪生智能分析系统，推动物理实体和数字孪生模型相结合的新一代数字化电力设备在电网各环节中广泛应用，支撑我国新型电力系统的建设和能源电力数字化转型。同时，还需要建立自主的数字化电力设备设计制造、测试试验和运行维护技术标准体系，引领电力设备的产业升级及电力设备运行维护模式的变革。

目前，电力设备数字化转型离新型电力系统安全可控、灵活高效、智能友好的要求还有较大的差距。结合电力设备数字化技术的应用现状和新型电力系统的需求，数字化电力设备未来的重点研究方向和主要的发展趋势包括以下 4 个方向。

一、电力设备全景状态感知不断发展

随着电力专用传感器性能的改善，电力设备全景状态感知水平将不断提升，实现电力设备关键运行状态的可靠感知，为数字化电力设备提供全面、精准的基础数据。一方面，无线传感技术、光学/光电/光纤/光栅传感技术、微型传感器等先进传感技术的发展，安装在设备内部的状态传感器将获得较多应用，通过直接感知设备状态和设备运行时多物理量的变化过程，提高设备状态感知的可靠性和有效性。另一方面，将逐步实现传感器与电力设备一体化集成设计和制造，为一、二次深度融合的设备全景状态感知提供支撑。

在未来应用中，还要考虑根据电力设备的类型、经济价值、重要程度、风险等级及可靠性要求等情况，优化选择关键设备的状态参量，制定经济、合理、有效的传感器和智能终端精准部署方案，满足不同场景下数字化电力设备全景状态感知要求。

二、多场景数字孪生建模仿真不断完善

电力设备数字孪生建模仿真的基础理论和关键技术涉及高电压工程、电

磁场理论、材料科学、计算数学、计算机科学等多学科交叉融合，当前的水平离数字化电力设备的最终目标还有较大的差距。我国正在开发和完善自主知识产权的电力设备多物理场仿真软件，计算高压工程学也在不断发展，为电力设备数字孪生建模仿真技术的进步提供了有力支撑，未来相关软件和技术将在电力设备设计、制造及运行维护等多场景复杂工程问题计算中得到越来越广泛的研究和应用。

目前，电力设备数字孪生建模仿真着重于几何、物理、行为模型的建模方法与数值计算技术，考虑到电力设备状态变化和缺陷产生还涉及材料分解、化学反应等多种微观现象，未来研究将扩展建模仿真的时空尺度和应用场景。在空间维度上，往分子层面进行扩展，探究油、气体、纤维等分子动力学、化学方面的仿真方法，可应用于设备状态精准分析和故障预测；在时间维度扩展上，仿真下限可扩展至微秒级甚至纳秒级，可应用于微观放电过程复现、开关多体动作等场景，上限可扩展至天、周甚至月，可应用于设备的风险评估和寿命预测。

三、高压电力设备的数字化测试试验成为可能

目前，高电压工程学科仍以试验为主，辅以经验公式和半物理模型以解释高电压物理现象，解决工程中优化设计、检验测试、状态评估和缺陷诊断分析的问题。但是，电力设备高压试验通常存在以下困难和难以实施的场景。

（1）高压设备测试试验的工作量大、时间周期长、成本高，尤其现场高压测试试验的难度比较大。

（2）受试验设备的功能和参数的限制，测试试验中电力设备可能承受的极端工况、不同因素的综合影响施加较为困难。

（3）进行缺陷诊断分析时，缺陷或故障的物理模拟和推演预测困难。

（4）测试过程中部分测量点处于极端环境中或受空间限制，不适合放置传感器或测量仪器，难以获得全面的试验数据。

数字化电力设备通过构建高保真的设备数字孪生仿真模型和设置虚拟传感器，可以针对特定场景开展数字化虚拟测试和试验，模拟不同的运行工况和不同缺陷条件下的设备运行情况，实现设备关键状态的精准评估和缺陷的

全面诊断分析，也可以为状态感知装置的数字化校验、电力设备的优化设计和制造提供支撑。以变压器为例，准确计算热点温度是动态评估负载能力和使用寿命的关键；变压器负载导则中经验热模型是热点温度在线监测最常用的计算手段，但是模型中绕组指数、油指数、热常数取值通常按照推荐值粗略选取，准确性不高；需要开展耗时较长的温升试验并内置光纤传感器测温，才能获得更为精准的模型参数。通过建立数字化变压器高保真热状态仿真模型，开展数字化温升和热动态虚拟试验，获得不同负载条件、不同环境温度下的动态热点温度曲线优化热模型参数，可以大幅提高试验效率，减少试验成本。

四、电力设备状态智能感知芯片大规模应用

设备状态智能感知的芯片化可以提高状态感知系统的一致性和可靠性，大幅减小感知装置的体积，降低电力设备数字化升级和建设投资成本，提升感知装置的智能化水平，是数字化电力设备的发展方向之一。一旦目前各类常规智能传感器的模拟电路、数字电路和边缘计算算法成熟，就可以研制电力专用的设备状态传感、数据采集和分析处理芯片，实现电力设备状态智能感知芯片的规模化应用。

从目前应用规模、应用效果和芯片技术的发展趋势来看，未来可在 3 个层面上大量采用智能感知芯片。

（1）在传感器层面，结合电力设备传感器在结构设计、安装位置、安全防护等方面的特殊需求，基于 MEMS 和 SoC 技术开发电力专用的温度、局部放电（简称局放）、振动、声音、光信号等传感芯片及调理芯片，实现低成本、微型化、高集成度、高可靠性的状态数据采集和预处理。

（2）在智能感知终端层面，可开发支撑红外图像、视频图像、局部放电、振动、声音等信息实时分析处理的电力专用深度学习芯片，载入电力设备目标检测和缺陷辨识的智能分析模型，实现基于高效边缘计算的设备状态异常检测和预警。

（3）在数据通信层面，可开发专用的电力物联网通信安全加密芯片、电力设备信息模型芯片及专用无线传感网络芯片等，实现安全高效的数据传输。

第二章　配网数字化电力设备及使用规范

配网数字化电力设备集计算机技术、通信网络技术、自动化技术于一体，通过配电自动化终端对配网一次设备进行远方实时监视、控制和故障处置，是提升配网供电可靠性管控水平的重要手段。配网数字化电力设备主要由配电自动化系统主站、配电自动化系统子站（可选）、配电自动化终端和通信网络等部分组成。

第一节　一二次融合标准化柱上断路器

一、一二次融合成套柱上断路器分类

一二次融合成套柱上断路器按应用功能不同可分为分段/联络断路器成套设备、分界断路器成套设备两种。

1. 分段/联络断路器成套设备

分段/联络断路器成套设备应用于主干线、大分支环节，满足级差保护要求，直接切除故障，具备自动重合闸功能。TV/TA 配置要求是：

（1）内置 3 个相 TA 和 1 个零序 TA（提供 I_a、I_b、I_c、I_0）；

（2）内置 1 个零序电压传感器；

（3）外置 2 台电磁式单相 TV（双绕组，提供电源、线电压信号）安装在开关两侧。

支持线损计算功能，包括计算正反向有功电量、计算四象限无功电量、计算功率因数、电能量冻结功能等。

2. 分界断路器成套设备

分界断路器成套设备应用于用户末端支线故障就地切除，具备 3 次重合闸功能。TV/TA 配置要求是：

（1）内置 3 个相 TA 和 1 个零序 TV（提供 I_a、I_b、I_c、I_0）；

（2）内置 1 个零序电压传感器；

（3）外置 1 台电磁式 TV（单绕组，提供电源、线电压信号）。

不支持线损计算功能。

二、一二次融合标准化柱上断路器结构

一二次融合标准化柱上断路器包含柱上断路器、馈线终端、互感器和航空插头等部分，见图 2-1。一次操动机构应采用弹簧或电磁操动机构，具备手动及电动操作功能。

三、满足的标准

一二次融合标准化柱上断路器应满足 GB/T 311.1《绝缘配合 第 1 部分：定义、原则和规则》、GB/T 20840.1《互感器 第 1 部分：通用技术要求》、GB/T 20840.2《互感器 第 2 部分：电流互感器的补充技术要求》、GB 20840.3《互感器 第 3 部分：电磁式电压互感器的补充技术要求》、GB/T 1984《高压交流断路器》、GB/T 1985《高压交流隔离开关和接地开关》、GB/T 4208《外壳防护等级（IP 代码）》、GB 50150《电气装置安装工程 电气设备交接试验标准》、GB/T 8905《六氟化硫电气设备中气体管理和检测导

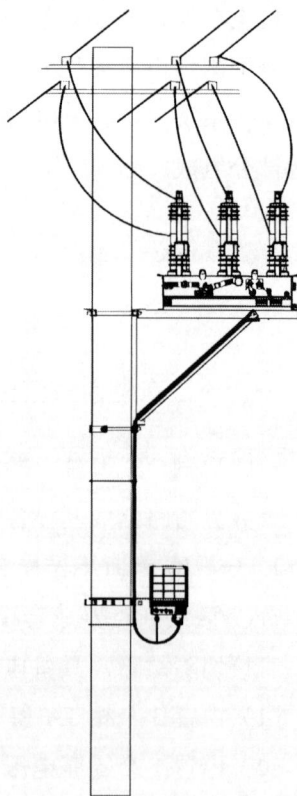

图 2-1 一二次融合标准化柱上断路器

则》、GB/T 11022《高压交流开关设备和控制设备标准的共用技术要求》、GB/T 12022《工业六氟化硫》、GB/T 20840.7《互感器 第 7 部分：电子式电压互感器》、GB/T 20840.8《互感器 第 8 部分：电子式电流互感器》、GB/T 22071.1《互感器试验导则》、DL/T 403《高压交流真空断路器》、DL/T 486《高压交流隔离开关和接地开关》、DL/T 593《高压开关设备和控制设备标准的共用技术要求》、DL/T 615《高压交流断路器参数选用导则》、DL/T 844《12kV 少维护户外配电开关设备通用技术条件》最新版本的要求，但不限于上述标准。

四、技术参数和性能要求

（一）技术参数

1. 断路器技术参数

断路器技术参数见表 2-1。

表 2-1 　断 路 器 技 术 参 数

序号	名称		标准参数值
1	真空断路器		
1.1	型号		
1.2	结构形式		支柱式
1.3	绝缘介质		空气
1.4	额定电压（kV）		12
1.5	额定电流（A）		630
1.6	额定电缆充电开断电流（A）		10
1.7	额定线路充电开断电流（A）		1
1.8	额定短路开断电流（kA）		20（25）
1.9	温升试验电流		$1.1I_r$
1.10	额定工频 1min 耐受电压（kV）	相对地/相间	42
		断口间	48
1.11	额定雷电冲击耐受电压（1.2/50μs）峰值（kV）	相对地/相间	75
		断口间	85
1.12	额定短时耐受电流及持续时间（kA/s）		20/4（25/4）

续表

序号	名称		标准参数值
1.13	额定峰值耐受电流（kA）		50（63）
1.14	额定短路开断电流（kA）		20（25）
1.15	额定短路关合电流（kA）		50（63）
1.16	主回路电阻（μΩ）		红苏电气提供
1.17	机械稳定性（次）		≥10000
1.18	外绝缘最小爬电距离（mm）		372
1.19	额定短路开断电流开断次数（次）		≥30 次
2	操动机构		
2.1	操动机构型式或型号		弹簧
2.2	操作方式		电动，并具备手动操作功能
2.3	电动机电压（V）		DC24
2.4	分、合闸不同期（ms）		≤2
3	隔离开关（如果有）		
3.1	型式/型号		红苏电气提供
3.2	额定短时耐受电流及持续时间（kA/s）		20/4（25/4）
3.3	额定峰值耐受电流（kA）		50（63）
3.4	额定短路关合电流（kA）		50（63）kA/2 次
3.5	主回路电阻（μΩ）		红苏电气提供
4	电子式电流互感器（内置式）		
4.1	额定电流比	相电流	600A/1V
		零序电流	20A/0.2V
	准确级	相电流	0.5S/5P10
		零序电流	10P10，（1%～120%）I_n<1%
4.2	实现方式		低功耗电磁式
4.3	负载阻抗		≥20kΩ
4.4	温度范围		−40～70℃
5	电子式电压互感器（内置式）		
5.1	额定电压比	相电压	（10kV/$\sqrt{3}$）/（3.25V/$\sqrt{3}$）
		零序电压	（10kV/$\sqrt{3}$）/（6.5V/3）

序号	名称		标准参数值
5.2	准确级	相电压	0.5
		零序电压	1
5.3	实现方式		电阻分压
5.4	温度范围		−40～70℃
5.5	局放		14.4kV 时，≤10pC
5.6	负载阻抗		终端输入阻抗>10MΩ，配电线损采集模块输入阻抗>10MΩ，综合阻抗>5MΩ
6	电磁式电压互感器（外置式）		
6.1	数量（只）		2
6.2	额定电压比（kV）		10/0.22
6.3	准确级		3
6.4	容量（VA）		额定容量≥300VA 短时容量≥3000VA/1s
7	自动化配置		预留 FTU 接口
8	外壳防护等级		不低于 IP65
9	使用寿命		不小于 40 年
10	一二次设备连接设计		
10.1	控制连接方式		开关本体配置 37 芯航空接插件，不含连接电缆
10.2	辅助触点容量		AC250V、15A
11	运输质量（kg）		红苏电气提供
12	外形尺寸：长×宽×高（mm×mm×mm）		红苏电气提供

2. 使用环境条件表

使用环境条件表见表2−2。

表 2−2　　　　使 用 环 境 条 件 表

序号	名称		单位	标准参数值
1	周围空气温度	最高气温	℃	+40
		最低气温		−40
		最大日温差	K	25

续表

序号	名称		单位	标准参数值
2	海拔		m	≤1000
3	太阳辐射强度（户外）		W/cm²	0.1
4	污秽等级			Ⅳ
5	覆冰厚度		mm	20
6	风速/风压（户外）		（m/s）/Pa	34/700
7	湿度	日相对湿度平均值	%	≤95
		月相对湿度平均值		≤90
8	耐受地震能力	水平加速度/垂直加速度	m/s²	0.3g/0.15g
	正弦共振3周波，安全系数1.67以上			

3. 开关本体单元配置 26 芯航空插座引脚定义

开关本体单元配置 26 芯航空插座引脚定义见表 2-3。

表 2-3　　　　　　　开关本体单元配置 26 芯航空插座引脚定义

开关侧连接器引脚	配弹簧机构开关		图示
	标记	标记说明	
1	CN-	储能-	
2	CN+	储能+	
3	HZ-	合闸-	
4	HZ+	合闸+	
5	FZ-	分闸-	
6	FZ+	分闸+	
7	Ia	A 相电流	
8	Ib	B 相电流	
9	Ic	C 相电流	
10	In	相电流公共端	
11	I0	零序电流	
12	I0com	零序电流公共端	
13	—	—	

续表

开关侧连接器引脚	配弹簧机构开关		图示
	标记	标记说明	
14	—	—	
15	QY（SF₆灭弧开关适用）	低气压闭锁	
16	QYCOM（SF₆灭弧开关适用）	低气压闭锁公共端	
17	TV－（可选）	内置 TV－	
18	TV＋（可选）	内置 TV＋	
19	YXCOM	遥信公共端	
20	HW	合位	
21	FW（可选）	分位	
22	WCN	未储能位	
23	U0	零序电压	
24	U0com	零序电压公共端	
25	—	—	
26	—	—	

（二）性能要求

1. 本体要求

（1）同型号真空断路器所配用的灭弧室，其安装方式、端部连接方式及连接尺寸应统一。

（2）真空断路器可采用 SF_6 气体绝缘或干燥空气绝缘，外绝缘采用复合绝缘。

（3）真空断路器应装设记录操作次数的计数器。

（4）真空断路器应采用操动机构与本体一体化的结构。

（5）真空灭弧室应与型式试验中采用的灭弧室一致。

（6）真空灭弧室允许储存期不小于 20 年，出厂时灭弧室真空度不得小于 1.33×10^{-3}Pa。在允许储存期内，其真空度应满足运行要求。

（7）真空灭弧室在出厂时应做老练试验，并附有报告。

（8）断路器的绝缘套管宜采用抗紫外线能力强、具有憎水性等性能的复合绝缘材料，伞裙宜采用大、小伞裙交替结构，截面积不小于 300mm²。

（9）断路器应具备过流、速断及合闸涌流保护功能。

（10）断路器额定操作顺序满足"分－0.3s－合分－180s－合分"要求。

2. 壳体要求

（1）壳体应具有良好的密封、防潮和防凝露性能，以保证绝缘性能良好。

（2）壳体材质应采用厚度不小于 2mm、性能不低于 S304 牌号的不锈钢或其他耐腐蚀材质，壳体防护等级不低于 GB/T 4208 规定的满足专用技术规范的要求。壳体应具备防止锈蚀的有效措施，在 10 年内不应出现明显可见锈斑；安装尺寸要求见图 2-2～图 2-4。

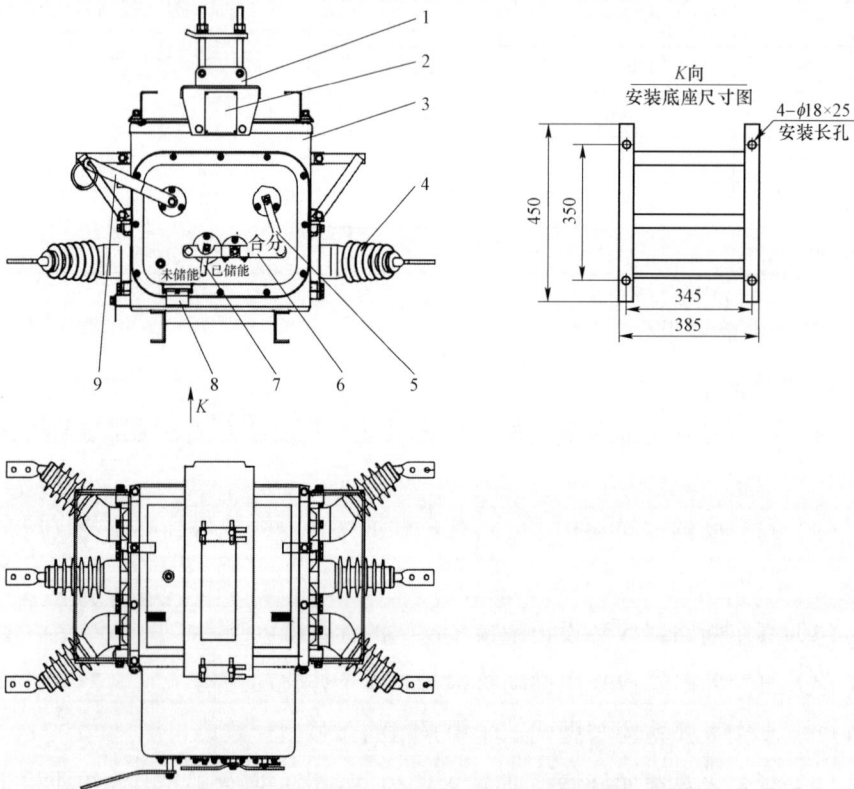

图 2-2　共箱式吊装安装尺寸要求

1—吊架；2—铭牌；3—箱体；4—出线端子；5—合分指针；6—合分手柄；

7—储能指针；8—航空插座；9—储能手柄

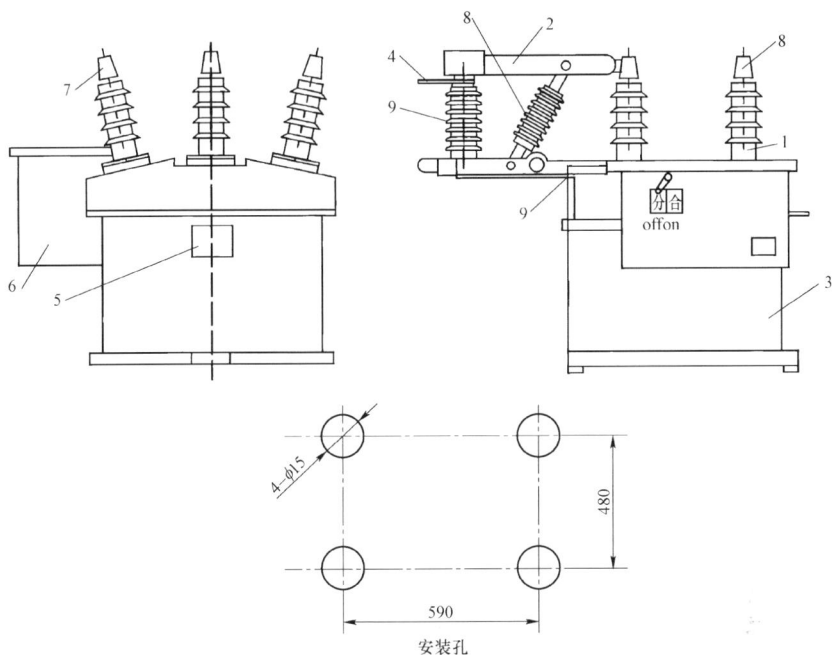

图 2-3　共箱式座装安装尺寸要求

1—套管；2—隔离刀片；3—箱体；4—接线板；5—铭牌；6—操动机构；

7—导电杆；8—绝缘拉杆；9—支持绝缘子；10—刀闸开关支架

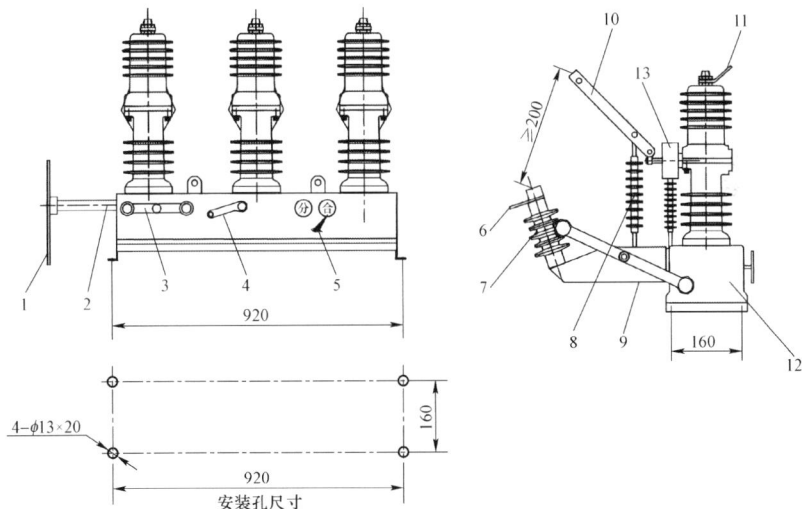

图 2-4　支柱式座装安装尺寸要求

1—隔离开关操作手柄；2—隔离开关主轴；3—断路器手动分合手柄；4—断路器储能手柄；

5—分合指标；6—接线板（出线端）；7—绝缘子；8—绝缘拉杆；9—支架；10—隔离刀片；

11—接线板（进线端）；12—断路器；13—电流互感器

（3）外壳应能良好接地并能承受运行中出现的正常和瞬时压力。接地外壳上应装有导电性良好、直径不小于 12mm 的防锈接地螺钉，接地点应标有接地符号。

（4）壳体表面不应有可存水的凹坑。

（5）壳体应设置必要的搬运把手，避免拽拉出线套管。

（6）供起吊用的吊环位置，应使悬吊中的开关设备保持水平，吊链与任何部件之间不得有摩擦接触，避免在吊装过程中划伤箱体表面喷涂层。

（7）壳体上应有位于在地面易观察的明显的分、合闸位置指示器，并采用反光材料。指示器与操动机构可靠连接，指示动作应可靠。

（8）如果是三相共箱结构，壳体上应设置防止内部电弧故障的泄压装置。

（9）铭牌能耐风雨、耐腐蚀、保证使用过程中清晰可见，铭牌内容符合国家相关标准要求。

3. 操动机构要求

（1）操动机构宜采用免维护的弹簧或永磁机构。

（2）操动机构应能够进行电动或手动储能合闸、分闸操作。

（3）操动机构应具有防跳跃功能。

（4）操动机构应安装在防潮、防尘、防锈的密封壳体中，使用长效润滑材料，达到维护周期内免维护。

（5）操动机构应带有反光指示装置，方便操作人员的夜间操作。

（6）操动机构应能在 10mm 厚的覆冰下可靠分断和关合。

4. 操作电压及自动化接口要求

（1）当电源电压不大于额定电源电压的 30%时，合闸脱扣器不应脱扣（用电容器储能的永磁操动机构除外）。并联合闸脱扣器在合闸装置的额定电源电压的 85%～110%范围内，交流时在合闸装置的额定频率下，应可靠动作。

（2）当电源电压不大于额定电源电压的 30%时，并联合闸脱扣器不应脱扣（当永磁操动机构的储能元件的电压不大于其额定电压的 30%时，合闸脱扣器不应脱扣）。

（3）电动操动机构选用永磁机构时，合/分闸电压宜采用 DC110V；选用弹簧机构时，合/分闸电压宜采用 DC24V。

（4）电动操动机构的断路器应预留自动化接口。

5. 其他要求

（1）隔离开关要求。一侧带连体隔离开关的断路器，要求隔离开关应有明显可见断口并可靠联锁，满足"五防"要求；隔离开关应三相联动，操作手柄可在断路器的两侧进行操作，且操作角度可调。

（2）附件要求。

1）电压互感器：电动操动机构的开关配置 1 组高精度、宽范围的内置电子式电压互感器，应为无源、模拟小信号输出，采用电阻分压原理，提供 U_a、U_b、U_c、U_0（测量、计量）电压信号；同时配置 1 台或 2 台外置电磁式电压互感器，环氧树脂或硅橡胶材料，绕线为漆包铜线，铁芯为硅钢，接线端子为黄铜材质，采用一体浇注成型，提供操作或工作电源；电压互感器配熔断器保护，采用螺旋式保险，方便运行时更换。

2）电流互感器：采用内置式，其中电动操动机构的开关配置 1 组高精度、宽范围的电子式电流互感器，应为无源、模拟小信号输出，采用低功耗线圈，提供 I_a、I_b、I_c、I_0（保护、测量、计量）电流信号，其极性应与开关保持一致；手动操动机构的开关可配置电磁式或电子式电流互感器。

3）电动操动机构的开关配置军品级 37 芯航空插座，航空插座同时配绝缘密封罩，保护接口。

五、试验

1. 型式试验

（1）必做项目。

1）断路器本体：

a）绝缘试验：包括雷电冲击试验、工频耐压试验。

b）温升试验。

c）主回路电阻测量。

d）短时耐受电流和峰值耐受电流试验。

e）关合和开断能力试验。

f）机械操作、机械联锁和机械稳定性试验（连续机械操作试验）。

g）机械寿命试验。

h）密封试验（SF$_6$绝缘开关适用）。

i）防护等级验证。

2）隔离开关（与断路器配套）：

a）回路电阻测量。

b）工频耐压试验。

c）短时耐受电流和峰值耐受电流试验。

d）关合能力试验。

3）控制器（如果有）：

a）结构及外观检查。

b）控制逻辑试验。

c）环境试验。

d）动作值及准确度测试。

e）产品功能与性能测试。

f）功率消耗测试。

g）工作电源对装置性能的影响测试。

h）绝缘性能测试。

i）电磁兼容（EMC）试验。

j）振动试验。

k）安全试验。

（2）根据用户特殊要求可进行的选做项目。

1）低温试验。

2）高温试验。

3）交变湿热试验。

4）盐雾试验。

2. 出厂试验

每台断路器均应在工厂内进行整台组装并进行出厂试验，出厂试验的技术数据应随产品一起交付招标人。产品在拆前应对关键的连接部位和部件做好标记。断路器的出厂试验应符合 DL/T 402、GB/T 1984、DL/T 593 和 IEC

62271—100 的要求。至少应包含如下项目。

（1）本体：

1）辅助和控制回路的绝缘试验。

2）机械操作和机械特性试验。

3）主回路工频耐压试验。

4）主回路电阻测量。

5）密封试验（SF_6 绝缘开关适用）。

6）外观及结构检查。

（2）电流互感器：

1）二次绕组绝缘试验（电磁式互感器）。

2）误差（准确度）确定。

（3）电压互感器：

1）绝缘试验（电磁式互感器）。

2）变比精度测量。

（4）隔离开关（与断路器配套）：

1）回路电阻测量。

2）工频耐压试验。

（5）控制器（如果有）：

1）结构及外观检查。

2）动作值及准确度测试。

3）产品功能与性能测试。

4）绝缘性能测试。

3．现场交接试验

（1）本体：

1）辅助和控制回路的绝缘试验。

2）机械操作和机械特性试验。

3）工频耐压试验。

4）主回路电阻测量。

5）密封试验（SF_6 气体绝缘适用）。

6）外观及结构检查。

7）隔离闸刀及套管绝缘电阻测量。

8）电压互感器及电流互感器绝缘电阻测量。

（2）电流互感器：

1）绝缘试验（电磁式互感器）。

2）误差（准确度）确定。

（3）电压互感器：

1）绝缘试验（电磁式互感器）。

2）变比精度测量。

（4）隔离开关（与断路器配套）：

1）回路电阻测量。

2）工频耐压试验。

（5）控制器（如果有）：

1）结构及外观检查。

2）动作值及准确度测试。

3）产品功能与性能测试。

4）绝缘性能测试。

4. 抽检试验

10kV 柱上断路器应依据相关标准进行随机抽样检验。每批的抽检比例建议为招标总数的 2%～5%，前 10 批宜按 5%比例抽取。如产品质量性能稳定且一次抽检合格率在 95%以上，可以将抽检比例降低到 2%；当一次抽检合格率降低到 90%以下时，应及时将抽检比例提高到 5%。

抽检试验项目如下：

（1）本体。

1）必做项目：

a）辅助和控制回路的绝缘试验。

b）机械操作和机械特性试验。

c）主回路工频耐压试验。

d）主回路电阻测量。

e）密封试验（SF$_6$绝缘开关适用）。

f）外观及结构检查。

g）机械联锁试验。

h）接地电阻测试。

i）SF$_6$气体湿度检测（SF$_6$绝缘开关适用）。

j）防护等级验证。

k）温升试验。

2）选做项目：

a）短时耐受电流和峰值耐受电流试验。

b）关合和开断能力试验。

c）淋雨试验。

d）凝露、外绝缘污秽试验。

e）机械寿命试验（需频繁操作的断路器）。

f）严重冰冻条件下的操作。

3）根据用户特殊要求可进行的选做项目：

a）低温试验。

b）高温试验。

c）交变湿热试验。

d）交变盐雾试验。

（2）电流互感器：

1）资料检查。

2）型号和规格。

（3）电压互感器：

1）资料检查。

2）型号和规格。

（4）隔离开关：

1）资料检查。

2）机械操作试验。

3）工频耐压试验。

（5）控制器（如果有）：

1）结构及外观检查。

2）控制逻辑试验。

3）环境试验。

4）动作值及准确度测试。

5）产品功能与性能测试。

6）绝缘性能测试。

5. 开关本体试验方法及要求

（1）外观及结构检查。

1）整体结构完好，外观无缺损、变形、脏污、锈蚀；绝缘支撑件无裂纹、破损；铸件应无裂纹、砂眼。

2）铭牌、标志牌内容正确、齐全，布置规范，各项参数符合设计要求。

（2）绝缘试验按 GB/T 11022—2020 中 6.2 的规定进行。

（3）温升试验按 GB/T 11022—2020 中 6.5 的规定进行。

（4）主回路电阻测量按 GB/T 11022—2020 中 6.4 的规定进行。

（5）短时耐受电流和峰值耐受电流试验按 GB/T 11022—2020 中 6.6 的规定进行。

（6）断路器的关合和开断能力试验，按 GB/T 1984—2024 中 6.102 的规定进行；负荷开关的关合和开断能力试验按 GB/T 3804—2017 中 8.101 的规定进行。

（7）淋雨试验的试验方法及试验结果判定按 GB/T 4208—2017 的规定进行。

（8）凝露、外绝缘污秽试验按 GB/T 4585—2024 中第二节～第四节的规定进行。

（9）机械操作试验：

1）柱上断路器机械操作试验按 GB/T 1984—2024 中 7.101 的规定进行。

2）柱上隔离开关机械操作试验按 GB/T 1985—2023 中 7.101 的规定进行。

（10）机械寿命试验：

1）柱上断路器机械寿命试验按 GB/T 1984—2024 中 6.101.2 的规定进行。

2）柱上隔离开关机械寿命试验按 GB/T 1985—2023 中 6.102.3 的规定进行。

（11）机械联锁试验。

1）柱上断路器机械联锁试验：柱上断路器与所带的隔离开关之间应有可靠的机械联锁，确保柱上断路器在合闸位置时无法分开隔离开关。

2）柱上隔离开关机械联锁试验按 DL/T 486—2021 中 6.102.6 的规定进行。

（12）隔离开关及套管绝缘电阻采用 2500V 绝缘电阻表（又称兆欧表）进行测量。

试验结果判定：20℃时绝缘电阻不低于 300MΩ 则认为试验通过。

（13）电磁式电压互感器及电流互感器绝缘电阻测量。一次设备采用 2500V 绝缘电阻表，二次设备采用 1000V 绝缘电阻表进行测量。

试验结果判定：20℃时一次绝缘电阻不低于 1000MΩ，二次绝缘电阻不低于 10MΩ 则认为试验通过。

（14）接地电阻测试：接地电阻值不大于 10Ω 则认为试验通过。

（15）SF_6 气体湿度检测。利用 SF_6 气体湿度检测仪，按仪器说明书要求对 SF_6 开关进行气体湿度检测，检测应在充气 48h 后进行。

试验结果判定：灭弧室气室不大于 150μL/L，其他气室不大于 250μL/L 则认为试验通过。

（16）密封试验。按 DL/T 593—2016 中 6.8 的规定。

试验结果判定：在极端温度下，漏气率的增大是可以接受的，但是在恢复到正常的周围空气温度下时其漏气率不得高于最大允许值，暂时增大的漏气率不应超过表 2-4 给出的数值。

表 2-4　　　　　　　　允 许 的 暂 时 漏 气 率

温度等级（℃）	允许的暂时漏气率
+40 和 +50	$3F_p$
−5＜周围温度＜+40	$1F_p$
−5/−10/−15/−25/−40	$3F_p$
−50	$6F_p$

注　F_p 为允许漏气率，由制造厂规定，单位为 Pa·m^3/s。

（17）防护等级验证按 DL/T 593—2016 中 6.7 的规定进行。

（18）电磁兼容性试验（EMC）按 DL/T 593—2016 中 6.9 的规定进行。

（19）严重冰冻下的操作试验按 GB/T 1985—2023 中 6.103 的规定进行。

试验结果判定：测试结果应符合 GB/T 1985—2023 中 6.103.4.2 的规定。

（20）根据用户特殊要求进行的特殊试验。

1）低温试验（适用于充气开关设备）按 DL/T 844—2003 中 7.6 的规定进行。

2）高温试验按 DL/T 844—2003 中 7.7 的规定进行。

3）交变湿热试验按 DL/T 844—2003 中 7.9 的规定进行。

4）交变盐雾试验按 DL/T 844—2003 中 7.10 的规定进行。

六、工作原理

（一）过流/速断保护原理

装置采用过流、速断两段式保护原理，各段保护的动作时间和动作门限的定值均可整定，并可通过软压板控制选择保护功能投入/退出。当故障电流超过设置的过流/速断设置门限值，根据设置的保护动作时间发出控制指令，启动保护分闸动作。装置保护原理见图 2-5，状态序列见图 2-6。

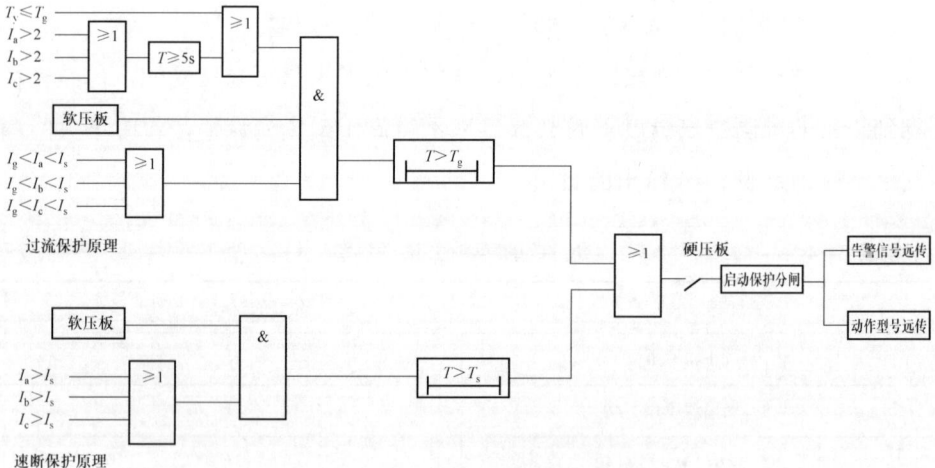

图 2-5　过流/速断保护原理图

I_g—过流电流设置值；I_s—速断电流设置值；T_g—过流时间；T_s—速断时间；T_y—涌流时间

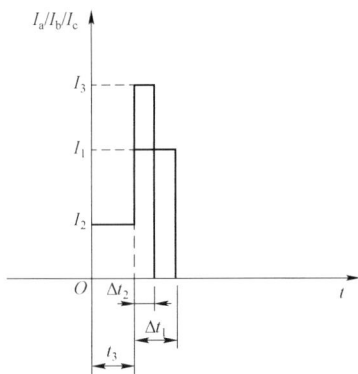

图 2-6　过流/速断状态序列图

I_1—过流电流设定值；I_2—负荷电流；I_3—速断电流设定；Δt_1—过流延时时间；

Δt_2—速断延时时间；t_3—初始正常负荷电流时间（大于 5s）

（二）重合闸保护原理

重合闸保护动作时间、重合闸充电时间均可独立进行整定，并可通过软压板控制选择重合闸功能投入/退出。重合闸保护必须在充电完成后投入（充电时间 15s），投入时线路在正常运行状态，且无外部闭锁重合闸信号。重合闸保护原理见图 2-7。

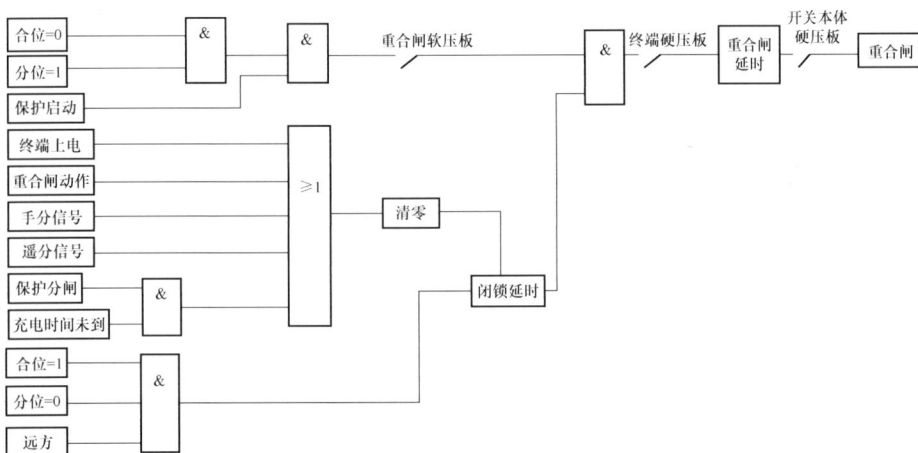

图 2-7　重合闸保护原理图

备注：1. 充电时间启动条件是监测到合位信号。

2. 开关分闸、终端重新上电、重合闸动作、重合闸闭锁延时未到、分闸则重合闸充电时间立即清零。

3. 保护动作包括速断，涌流，过流引起的开关动作。

4. 涌流动作值与过流动作值是一致的。

5. 涌流时间大于过流时间则启动涌流功能，反之，涌流时间小于过流时间则关闭合闸涌流延时功能。

6. 保护动作标志清空条件（合位或重合闸动作完成）。

（三）涌流保护原理

线路励磁涌流可达到额定电流的6～8倍，对电网冲击及影响很大，当线路产生合闸涌流，终端启用涌流保护功能。涌流保护原理见图2−8。

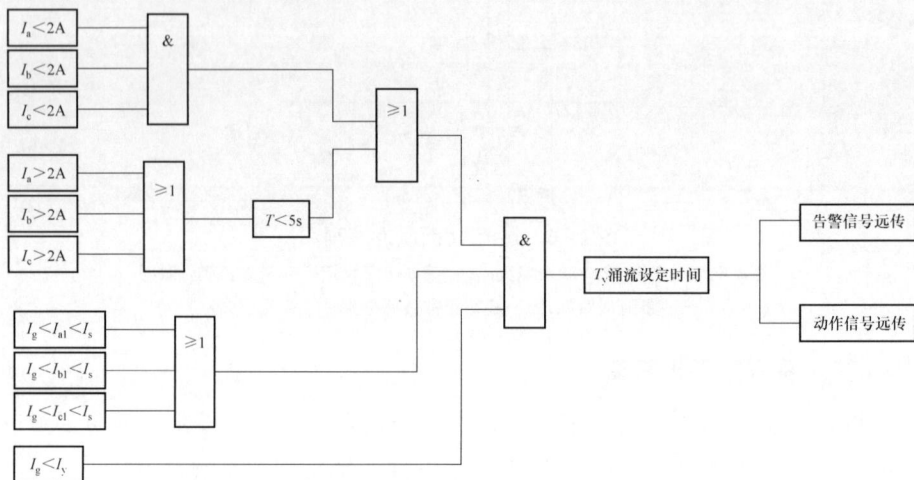

图2−8　涌流保护原理图

I_{a1}、I_{b1}、I_{c1}—线路故障电流；T_g—过流时间；T_y—涌流设定时间

第二节　台区智能融合终端

台区智能融合终端（TTU）将"公变终端、集中器和台区总表"这三类设备集中在一台融合终端内，并通过两种向下延伸组网的方式（MESH 组网与 HPLC 组网）赋予配网中低压设备全域识别与设备间广泛互联的能力；同时可以在智能融合终端内完成营销抄表数据和运检状态量数据的就地化集成，并实现数据"一收双发"；可将数据通过 4G 网络分别上传至用户用电信息、采集系统和自动化主站系统。实现配网的全面感知、数据融合、云边端协同及智能应用，进而推动配网能源流、业务流、数据流的"三流合一"。

一、台区智能融合终端的架构

（一）硬件架构

台区智能融合终端硬件架构组成见图2−9。

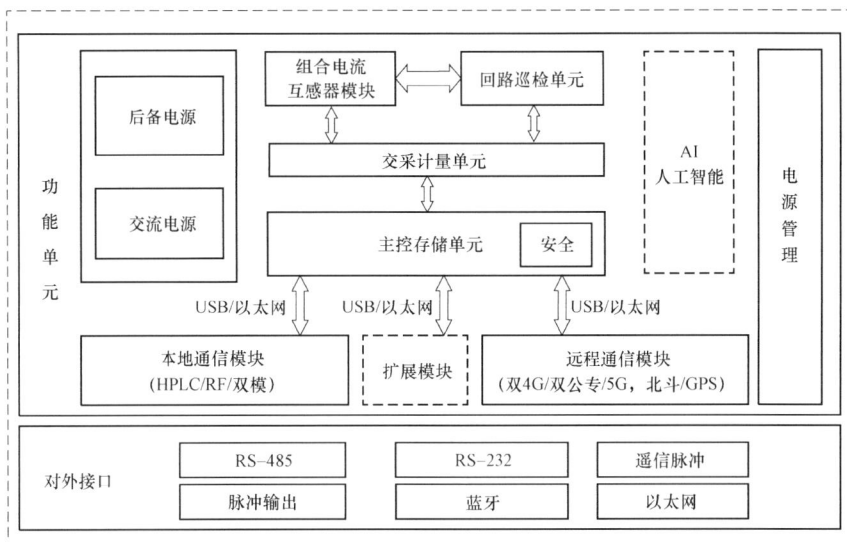

图 2-9 台区智能融合终端硬件架构组成示意图

（二）软件架构

台区智能融合终端软件架构成见图 2-10，分操作系统层和应用层。操作系统层包括操作系统内核、驱动框架、启动程序、系统接口、硬件抽象层和系统组件。操作系统通过系统接口为 App 提供系统调用接口，通过硬件抽象层提供硬件设备访问接口，系统组件与应用层通过消息总线通信。应用层包括基础 App 和业务 App 及相应的容器，App 之间通过消息总线进行数据交互。

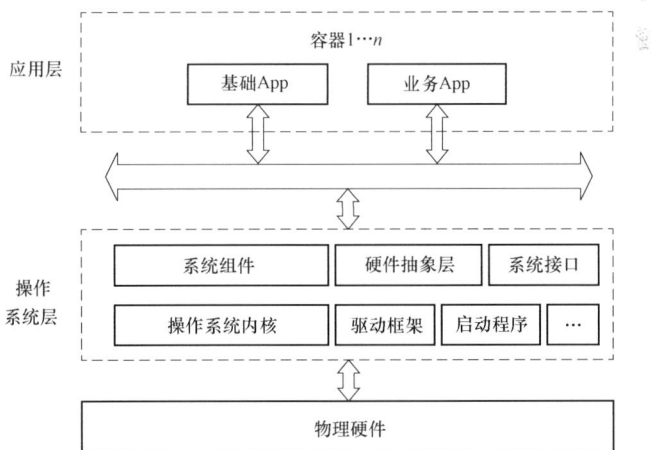

图 2-10 台区智能融合终端软件架构组成图

二、满足的标准

台区智能融合终端应满足 Q/GDW 100354《智能电能表功能规范》、Q/GDW 10650.2《电能质量监测技术规范 第 2 部分：电能质量监测装置》、Q/GDW 10827《三相智能电能表技术规范》、QGDW 11612.2《低压电力线高速载波通信互联互通技术规范 第 2 部分：技术要求》、Q/GDW 10376.2《用电信息采集系统通信协议 第 2 部分：集中器本地通信模块接口》、Q/GDW 10374.3《用电信息采集系统技术规范 第 3 部分：通信单元》最新版本的要求，但不限于上述标准。

三、技术规范要求

（一）功能模块标识代码

功能模块标识代码为 G××-××××，由功能模块类型、类型子类、硬件版本代号组成。功能模块标识代码分类见表 2-5。

表 2-5　　　　　　　功 能 模 块 标 识 代 码

功能模块（G）	类型（×）	类型子类（×）	产品代码（××××）
G—功能模块	B—本地通信	H—HPLC；M—微功率无线；D—双模；X—其他信道	由不大于 8 位的英文字母和数字组成，必须包含版本信息。英文字母可由生产企业名称拼音简称表示，数字代表产品设计序号
	Y—远程通信模块；N—远程通信＋北斗	4—双 4G；5—5G；D—双公专；X—其他信道	
	K—扩展模块	A—人工智能；L—负荷辨识；S—状态监测；X—其他	

如一个本地通信的双模模块，其功能标识代码为 GBD-××××。

（二）通用要求

1. 工作环境条件

功能模块正常运行的气候环境条件见表 2-6。

表 2-6　　　　　　　　　气 候 环 境 条 件 分 类

级别	空气温度		湿度	
	范围（℃）	最大变化率 a（℃/h）	相对湿度 b（%）	最大绝对湿度（g/m³）
C1	-5～+45	0.5	5～95	29
C2	-25～+55	0.5	10～100	
C3	-40～+70	1		35
CX	根据需要由用户和制造商协商确定。			

a　温度变化率取 5min 内平均值。

b　相对湿度包括凝露。

2. 机械影响

功能模块应能承受正常运行及常规运输条件下的机械振动和冲击而不造成失效和损坏。机械振动强度要求如下：

（1）频率范围：10～150Hz；

（2）位移幅值：0.075mm（频率≤60Hz）；

（3）加速度幅值：10m/s²（频率＞60Hz）。

3. 热插拔

功能模块应具备热插拔功能，功能模块热插拔时不应损坏。

4. 温升要求

在额定工作条件下，电路和绝缘体不应达到可能影响模块正常工作的温度。外表面的温升在环境温度为 40℃时应不超过 25K。

5. 通信协议

功能模块与台区智能融合终端之间的物理通信通道至少支持 USB 2.0，宜支持 USB 3.0，通信协议采用功能模块接口协议。

6. 在线升级

功能模块可通过台区智能融合终端下发指令完成在线升级，升级过程中不影响模块正常工作，升级完成后可自行切换至新版本运行。

7. 电气安全要求

（1）绝缘电阻。各电气回路对地和各电气回路之间的绝缘电阻要求见表 2-7。

表 2-7   绝 缘 电 阻 要 求

额定绝缘电压（V）	绝缘电阻（MΩ）		测试电压（V）
	正常条件	湿热条件	
$U \leqslant 60$	$\geqslant 10$	$\geqslant 2$	250
$60 < U \leqslant 250$	$\geqslant 10$	$\geqslant 2$	500
$U > 250$	$\geqslant 10$	$\geqslant 2$	1000

注　与二次设备及外部回路直接连接的接口回路采用 $U > 250$V 的要求。

（2）绝缘强度。电源回路对地应耐受 500V（低于 60V 直流电源回路）、2500V（220V 交流电源回路）50Hz 交流电压，输出继电器动合触点回路之间应耐受 1000V 50Hz 的交流电压，历时 1min 的绝缘强度试验。试验时不得出现击穿、闪络现象，泄漏电流应不大于 5mA。

（3）冲击电压。电源回路、信号输入回路、信号输出回路各自对地和无电气联系的各回路之间，应耐受表 2-8 中规定的冲击电压峰值，正负极性各 5 次。试验时应无破坏性放电（击穿跳火、闪络或绝缘击穿）现象。

表 2-8   冲 击 电 压 峰 值

试验回路	冲击电压峰值（V）	试验回路	冲击电压峰值（V）
直流电源对地	500	信号输入回路对输出回路	500
交流电源对地	5000	信号输入回路对电源回路	4000
信号输入/输出对地	500	信号输出对电源回路	4000

8. 电磁兼容性要求

模块应能在表 2-9 所列的电磁骚扰环境下正常工作，骚扰对模块故障的影响程度用试验结果评价等级表示。

评价等级 A：骚扰对模块工作无影响，试验时和试验后模块均能正常工作。

评价等级 B：骚扰使模块暂时不能工作，骚扰后不需人工干预，5min 内能自行恢复正常工作。

电磁兼容试验项目包括：电压暂降和短时中断、工频磁场抗扰度、射频电磁场辐射抗扰度、电压暂降和短时中断、静电放电抗扰度、电快速瞬变脉冲群抗扰度、阻尼振荡波抗扰度、射频场感应的传导骚扰抗扰度、浪涌抗扰度、无线电干扰抑制。

试验具体要求见《台区智能融合终端功能模块检验技术规范》相关条款规定。

表 2-9　　　　　　　　　　　电 磁 兼 容 性 要 求

电磁骚扰源	严酷等级	骚扰施加值	施加端口	评价等级要求
电压暂降和短时中断		3000:1（60%）；50:1；1:1	整机	A
工频磁场抗扰度	—	400A/m	整机	A
射频电磁场辐射抗扰度	3	10V/m	整机	A
	4	30V/m	整机	A
静电放电抗扰度	4	8kV	外壳和操作部分	A/B
电快速瞬变脉冲群抗扰度	4	1.0kV（耦合）	通信线	A
	4	4.0kV	电源端口	A/B
阻尼振荡波抗扰度	2	1.0kV（共模）	信号输入/输出端口	A/B
	4	2.5kV（共模），1.25kV（差模）	电源端口	A/B
射频场感应的传导骚扰抗扰度	3	10V	电源端口	A
浪涌抗扰度	2	1.0kV（共模）	信号输入/输出端口	A/B
	4	4.0kV（共模），2.0kV（差模）	电源端口	A/B
无线电干扰抑制	B	—	整机	A

9. 可靠性指标

模块的平均无故障工作时间（MTBF）不低于 8.76×10^4 h，模块应具备自检自恢复机制。

（三）远程通信模块

1. 双 4G 通信模块

（1）功能要求：①具备双路独立上行通信功能，每个通道都支持 LTE-TDD/FDD，宜支持 eSIM；②具备北斗/GPS 双模功能，应能提供实时的时间、经度、纬度等时间及定位状态信息。

北斗/GPS 指标要求如下：

1）定位模式：至少支持北斗/GPS 双模卫星定位系统，北斗为国产芯片，且可独立工作。

2）定位精度：应满足水平误差不大于 10m，高程误差不大于 15m。

3）热启动：首次定位时间不超过 5s。

4）冷启动：在 GPS/北斗信号接收强度−130dBm 情况下，从系统加电运行到实现定位的时间不超过 60s。

5）灵敏度：冷启动不低于−140dBm。

6）通道数：不小于 12 个。

（2）电源：工作电压要求为 DC 4V，误差±5%，峰值电流不超过 3A，平均功率消耗小于 4W。

（3）工作频段：采用国家无线电管理机构对用于某种业务的相应设备所规定的工作频率范围，工作频率见表 2−10。

表 2−10　　　　　　　　　双 4G 通信模块工作频率要求

指标	4G（LTE−TDD）	4G（LTE−FDD）	
频率范围	B39：1880～1920MHz B40：2300～2400MHz B41：2555～2655MHz B38：2570～2620MHz	TX	B1：1920～1980MHz B3：1710～1785MHz B5：824～849MHz B8：880～915MHz
		RX	B1：2110～2170MHz B3：1805～1880MHz B5：869～894MHz B8：925～960MHz

（4）无线信道规格和指标。双 4G 通信模块信道规格和指标应符合 YD/T 1214—2006、YD/T 1208—2002、3GPP 36.104、3GPP 36.141、3GPP 34.121、3GPP 34.122、3GPP 36.521、3GPP 38.101 和 3GPP 38.521 的要求，具体要求见表 2−11。

表 2−11　　　　　　　　　双 4G 通信模块信道要求

指标	LTE−TDD	LTE−FDD
调制方式	上行：QPSK；16QAM 下行：QPSK；16QAM；64QAM	上行：QPSK；16QAM 下行：QPSK；16QAM；64QAM
双工收发信道间隔	—	B1：190MHz B3：95MHz B5：45MHz B8：45MHz

指标	LTE－TDD	LTE－FDD
输出功率	23dBm±2.7dB	23dBm±2.7dB
输出阻抗	50Ω	50Ω
信道带宽	1.4～20MHz	5～20MHz
频率误差	$\|\Delta f\| \leqslant$（$0.1 \times 10^{-6} + 15$Hz）	$\|\Delta f\| \leqslant$（$0.1 \times 10^{-6} + 15$Hz）
接收灵敏度	Band 38：＜－94.5dBm Band 39：＜－94.5dBm Band 40：＜－94.5dBm Band 41：＜－92.5dBm 以上均为10M带宽下QPSK方式单天线参数	Band 1：＜－94dBm Band 3：＜－91dBm Band 5：＜－92.5dBm Band 8：＜－91.5dBm 以上均为10M带宽下QPSK方式单天线参数

2. 双公专通信模块

（1）功能要求：具备双路上行通道，每个通道都同时支持无线电力专网和公网通信，即 1.8G－LTE 专网和 4G 公网。每个通道都同时支持实体 SIM 卡，宜支持 VSIM。具备北斗/GPS 双模功能，应能提供实时的时间、经度、纬度等时间及定位状态信息。北斗/GPS 指标要求如下：

1）定位模式：至少支持北斗/GPS 双模卫星定位系统，北斗为国产芯片，且可独立工作。

2）定位精度：应满足水平误差不大于 10m，高程误差不大于 15m。

3）热启动：首次定位时间不超过 5s。

4）冷启动：在 GPS/北斗信号接收强度－130dBm 情况下，从系统加电运行到实现定位的时间不超过 60s。

5）灵敏度：冷启动不低于－140dBm。

6）通道数：不小于 12 个。

（2）电源。工作电压要求为 DC 4V，误差±5%，峰值电流不超过 3A，平均功率消耗小于 6W。

（3）工作频率。采用国家无线电管理机构对用于某种业务的相应设备所规定的工作频率范围，工作频率见表 2－12。

表 2-12　　　　　　　　双公专模块工作频率要求

指标	4G（LTE-TDD）	4G（LTE-FDD）		1.8G 专网（LTE-TDD）
频率范围	B39：1880～1920MHz B40：2300～2400MHz B41：2555～2655MHz B38：2570～2620MHz	TX	B1：1920～1980MHz B3：1710～1785MHz B5：824～849MHz B8：880～915MHz	1785～1805MHz
		RX	B1：2110～2170MHz B3：1805～1880MHz B5：869～894MHz B8：925～960MHz	

（4）无线信道规格和指标。双公专模块信道规格和指标应符合 YD/T 1214—2006、YD/T 1208—2002、3GPP 36.104、3GPP 36.141、3GPP 34.121、3GPP 34.122、3GPP 36.521、3GPP 38.101 和 3GPP 38.521 的要求，具体要求见表 2-13。

表 2-13　　　　　　　　双公专模块信道要求

指标	4G（LTE-TDD）	4G（LTE-FDD）	1.8G 专网（LTE-TDD）
调制方式	上行：QPSK；16QAM 下行：QPSK；16QAM； 64QAM	上行：QPSK；16QAM 下行：QPSK；16QAM； 64QAM	上行：QPSK；16QAM 下行：QPSK；16QAM； 64QAM
输出功率	23dBm±2dB	23dBm±2dB	23dBm±2dB
输出阻抗	50Ω	50Ω	50Ω
参考灵敏度	<116dBm/25kHz（QPSK）、 <106dBm/25kHz（16QAM）	<116dBm/25kHz（QPSK）、 <106dBm/25kHz（16QAM）	<116dBm/25kHz（QPSK） <106dBm/25kHz（16QAM）

3. 5G 通信模块

（1）功能要求：支持 5G SA/NSA 网络，具备 4G/5G 不同网络间自动切换功能。具备北斗/GPS 双模功能，应能提供实时的时间、经度、纬度等时间及定位状态信息。北斗/GPS 指标要求如下：

1）定位模式：至少支持北斗/GPS 双模卫星定位系统，北斗为国产芯片，且可独立工作。

2）定位精度：应满足水平误差不大于 10m，高程误差不大于 15m。

3）热启动：首次定位时间不超过 5s。

4）冷启动：在 GPS/北斗信号接收强度-130dBm 情况下，从系统加电运行到实现定位的时间不超过 60s。

5）灵敏度：冷启动不低于 -140dBm。

6）通道数：不小于 12 个。

（2）电源。工作电压要求为 DC 4V，误差 ±5%，峰值电流不超过 3A，平均功率消耗小于 8W。

（3）工作频率。采用国家无线电管理机构对用于某种业务的相应设备所规定的工作频率范围，工作频率见表 2-14。

表 2-14   5G 通信模块工作频率

指标	5G NR TDD			5G NR FDD	
频率范围	TX	N41：2496～2690MHz N78：3300～3800MHz N79：4400～5000MHz	TX	N1：1920～1980MHz	
	RX	N41：2496～2690MHz N78：3300～3800MHz N79：4400～5000MHz	RX	N1：2110～2170MHz	

（4）无线信道规格和指标。5G 通信模块信道规格和指标应符合 YD/T 1214—2006、YD/T 1208—2002、3GPP 36.104、3GPP 36.141、3GPP 34.121、3GPP 34.122、3GPP 36.521、3GPP 38.101 和 3GPP 38.521 的要求，具体要求见表 2-15。

表 2-15   5G 通信模块信道要求

指标	5G-TDD（N41/N78/N79）	5G-FDD（N1）
调制方式	QPSK；16QAM；64QAM；256QAM	QPSK；16QAM；64QAM；256QAM
双工收发信道间隔	—	190MHz
输出功率	N41：23dBm±2dB N78：23dBm+2dB/23dBm-3dB N79：23dBm+2dB/23dBm-3dB	23dBm±2dB
输出阻抗	50Ω	50Ω
信道带宽	10～100MHz	5～20MHz
频率误差	$|\Delta f| \leqslant (0.1 \times 10^{-6} + 15\text{Hz})$	$|\Delta f| \leqslant (0.1 \times 10^{-6} + 15\text{Hz})$

指标	5G－TDD（N41/N78/N79）	5G－FDD（N1）
接收灵敏度	N41：2 天线 10MHz/30kHz SCS＜－95.1dBm N78：2 天线 10MHz/30kHz SCS＜－96.1dBm N79：2 天线 40MHz/30kHz SCS＜－89.7dBm	2 天线 10MHz/30kHz SCS＜－97.1dBm

（四）本地通信模块

1. 低压电力线高速载波通信模块

低压电力线高速载波通信模块的通信功能和基本传输特性应该满足 Q/GDW 11612.2 中 5.3 的规定。

低压电力线高速载波通信模块静态功耗不大于 1W，动态功耗不大于 6W。

其他的技术要求，遵循 Q/GDW 11612 的要求。

2. 微功率无线通信模块

微功率无线通信模块的技术要求应满足 Q/GDW 11016 第 11 章的要求。

微功率无线通信模块的静态功耗不大于 1W，动态功耗不大于 2.5W。

其他的技术要求，遵循 Q/GDW 11016 的要求。

3. 双模本地通信模块

双模通信模块中低压电力线高速载波部分通信功能和基本传输特性应满足 Q/GDW 11612.2 中 5.3 的规定，微功率无线通信部分技术要求应满足 Q/GDW 11016 第 11 章的要求。

双模通信模块静态功耗不大于 1W，动态功耗不大于 6W。

其他的技术要求，遵循 Q/GDW 12087—2020 的要求。

（五）外形结构

1. 外形及安装尺寸

（1）远程功能模块外形结构和尺寸见图 2－11，尺寸单位为 mm；图中未注尺寸公差为－0.2mm。

（2）本地通信模块外形结构和尺寸见图 2－12，尺寸单位为 mm；图中未注尺寸公差为－0.2mm。

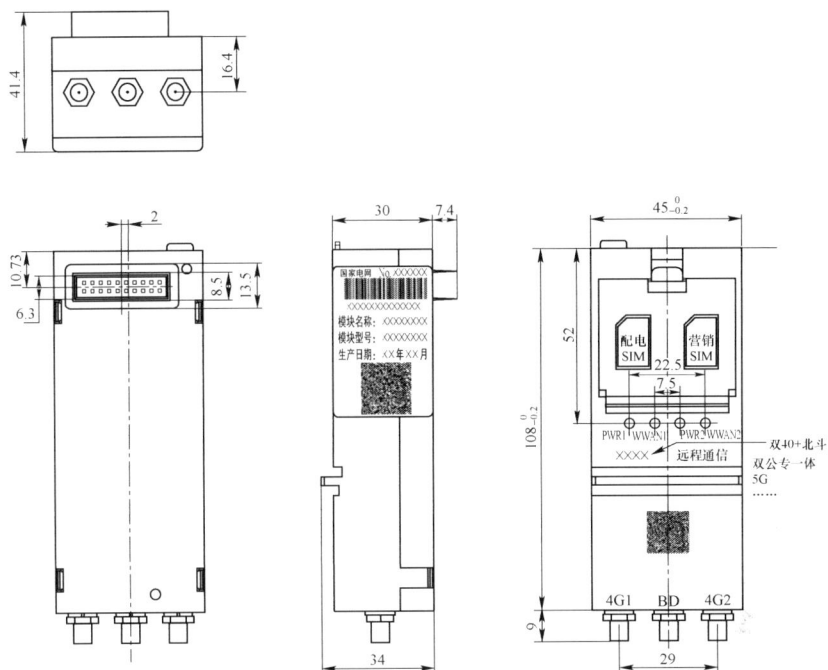

图 2－11　远程功能模块外形结构和尺寸示意图

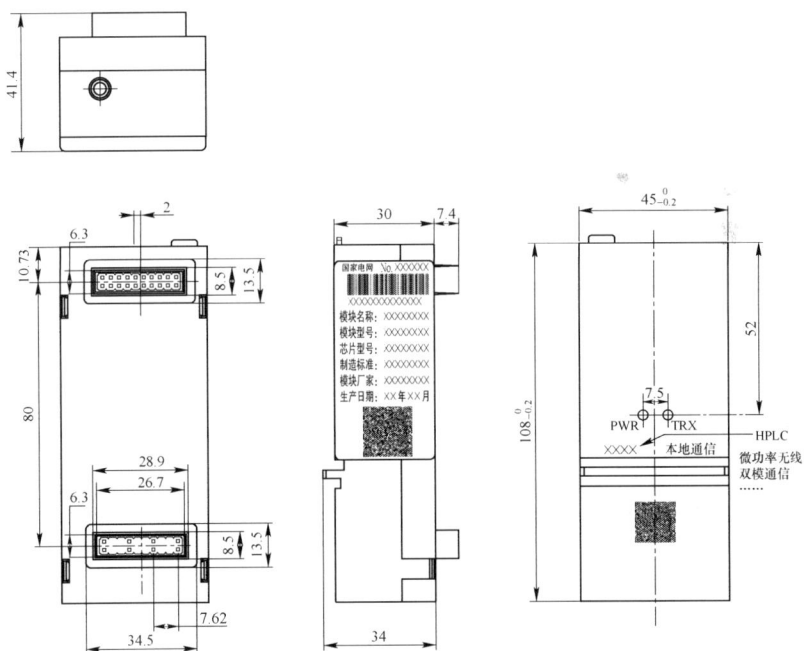

图 2－12　本地功能模块外形结构和尺寸示意图

（3）扩展功能模块外形结构和尺寸见图 2−13，尺寸单位为 mm；图中未注尺寸公差为 −0.2mm。

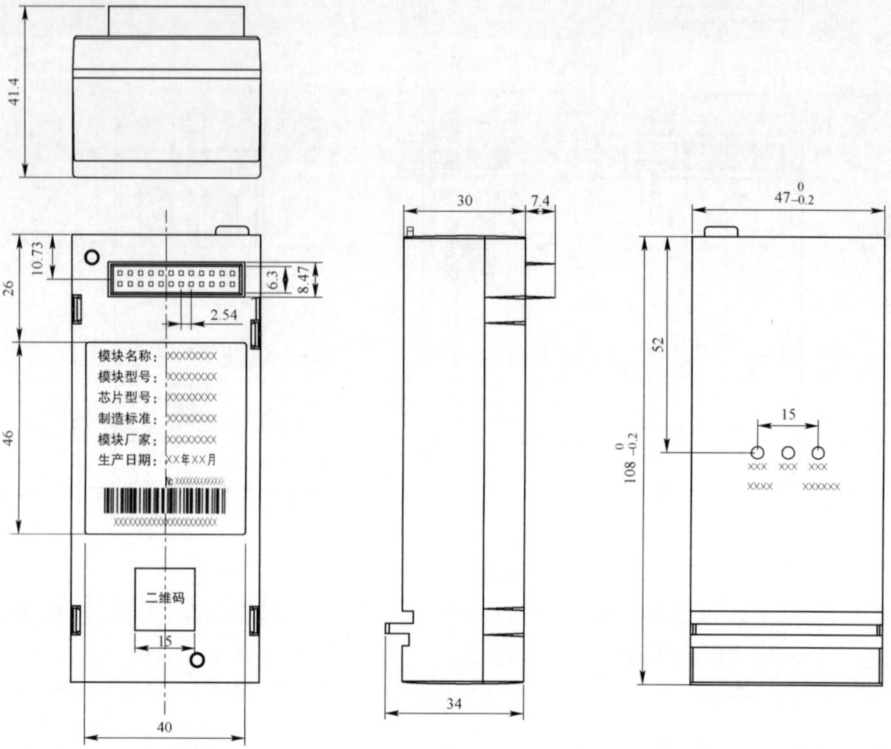

图 2−13　扩展功能模块外形结构和尺寸示意图

2. 外壳及防护性能

（1）机械强度。功能模块外壳应有足够的强度，外物撞击造成的形变不应影响其正常工作。

（2）阻燃性能。外壳的阻燃性能应符合 GB/T 5169.11 中第 12 章试验结果的评定，外壳试验温度为 650℃（±10℃）。

（3）金属部分的防腐蚀。在正常运行条件下可能受到腐蚀或能生锈的金属部分，应有防锈、防腐的涂层或镀层。

（六）通信接口

1. 远程功能模块接口

远程功能模块与主控单元的接口采用 2×10，间距 2.54mm 插座作为连接件，接口定义见图2-14，定义说明见表2-16。

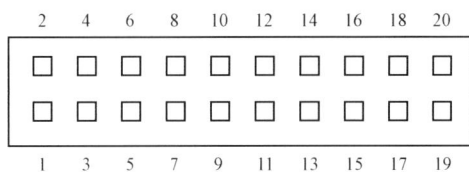

图2-14 远程功能模块接口定义（俯视）

表2-16 远程功能模块接口定义说明

模块对应引脚编号	信号类别	信号名称	信号方向（针对主控单元）	说明
1	电源地	GND	输出	电源地输出，要求对应管脚的插针比其他管脚长0.5mm
2	电源地	GND	输出	
3	电源	VCC4V	输出	直流电源输入，电压范围4V±0.2V
4	电源	VCC4V	输出	
5	信号	USB_D+	输入/输出	USB信号D+
6	信号	USB_D-	输入/输出	USB信号D-
7	信号	TX+	输出	USB3.0接口
8	信号	TX-	输出	
9	信号	RX+	输入	
10	信号	RX-	输入	
11	预留	预留	预留	
12	预留	预留	预留	
13	预留	预留	预留	
14	预留	预留	预留	
15	网络信号	TD+	网络差分信号	以太网接口
16	网络信号	TD-	网络差分信号	
17	网络信号	RD+	网络差分信号	
18	网络信号	RD-	网络差分信号	
19	电源地	GND	输出	电源地输出，要求对应管脚的插针比其他管脚长0.5mm
20	电源地	GND	输出	

2. 本地功能模块接口

（1）本地功能模块弱电接口。本地功能模块与主控单元的弱电接口应采用 2×10，间距 2.54mm 插座作为连接件，接口定义见图 2-14，定义说明见表 2-16。

（2）本地功能模块强电接口。本地功能模块与主控单元的强电接口应采用 2×10，间距 2.54mm 插座作为连接件，接口定义见图 2-14，定义说明见表 2-17。

表 2-17 本地功能模块强电接口定义说明

引脚编号	信号名称	功能描述
1、2	A	电网 A 相线作为信号耦合接入端
3、4、5、6	NC	空管脚，PCB 无焊盘设计，过孔非金属化，连接件对应位置无插针，用于增加安全间距，提高绝缘性能
7、8	B	电网 B 相线作为信号耦合接入端
9、10、11、12	NC	空管脚，PCB 无焊盘设计，过孔非金属化，连接件对应位置无插针，用于增加安全间距，提高绝缘性能
13、14	C	电网 C 相线作为信号耦合接入端
15、16、17、18	NC	空管脚，PCB 无焊盘设计，过孔非金属化，连接件对应位置无插针，用于增加安全间距，提高绝缘性能
19、20	N	电网 N 相线作为信号耦合接入端

3. 扩展功能模块接口

扩展功能模块与主控单元的接口应采用 2×12，间距 2.54mm 插座作为连接件，接口定义见图 2-15，定义说明见表 2-18。

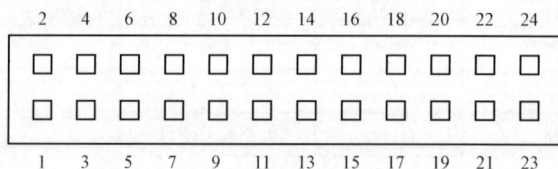

图 2-15 扩展模块接口定义（俯视）

表 2-18 扩展模块接口定义说明

模块对应引脚编号	信号类别	信号名称	信号方向（针对主控单元和本体）	说明
1	电源地	GND	输出	电源地输出，要求对应管脚的插针比其他管脚长 0.5mm
2	电源地	GND	输出	

模块对应引脚编号	信号类别	信号名称	信号方向（针对主控单元和本体）	说明
3	电源	VCC5V	输出	直流电源输入，电压范围 5V±0.2V
4	电源	VCC5V	输出	
5	信号	USB_D+	输入/输出	USB 信号 D+
6	信号	USB_D−	输入/输出	USB 信号 D−
7	信号	TX+	输出	USB3.0 预留接口
8	信号	TX−	输出	
9	信号	RX+	输入	
10	信号	RX−	输入	
11	信号	SPI_CS	输出	SPI 接口，用于负荷识别模块通信
12	信号	SPI_CLK	输出	
13	信号	SPI_MOSI	输出	
14	信号	GPIO	输出	备用模块复位引脚 RST
15	预留	预留	预留	
16	预留	预留	预留	
17	预留	预留	预留	
18	预留	预留	预留	
19	网络信号	TD+	网络差分信号	以太网接口
20	网络信号	TD−	网络差分信号	
21	网络信号	RD+	网络差分信号	
22	网络信号	RD−	网络差分信号	
23	电源地	GND	输出	电源地输出，要求对应管脚的插针比其他管脚长 0.5mm
24	电源地	GND	输出	

（七）材料及工艺要求

1. 线路板及元器件

线路板及元器件应满足以下要求：

（1）线路板需用耐氧化、耐腐蚀的双面/多层敷铜环氧树脂板。

（2）线路板表面应清洗干净，不得有明显的污渍、焊迹，应做绝缘、防腐处理。

（3）所有元器件均应防锈蚀、防氧化，紧固点牢靠。

（4）电子元器件（除电源器件外）宜使用贴片元件，使用表面贴装工艺生产。

（5）线路板焊接应采用回流焊、波峰焊工艺。

（6）功能模块内部螺钉、端子及线路板之间应保持足够的间隙和安全距离；线路板之间、线路板与其他部件之间的连接宜采用硬连接工艺。

（7）功能模块接口插针表面应采用镀金处理，不得发生氧化、锈蚀、镀金层脱落。

（8）主要器件表面应印有制造厂商标识及产品批号。

2. 功能模块外壳

功能模块外壳应满足以下要求：

（1）外壳应使用 PC＋（10±2）%GF 材料制成，不允许使用回收材料。

（2）外壳应耐腐蚀、抗老化、有足够的硬度，上紧螺钉后，不应变形。

（3）外壳的导光柱应采用透明度好、阻燃、防紫外线的聚碳酸酯（PC）材料（不应使用回收材料）。

（4）外壳颜色：色卡号 PANTONE Cool Gray 4U。

（5）带天线的功能模块，天线高度合适，不应影响端尾盖的装配。

（八）标识及状态指示

1. 产品标识

功能模块的左侧面打印产品标识，字体为黑体，颜色黑色，见图 2-16，远程功能模块和本地功能模块需要注明模块采用的芯片型号。二维码类型为 QR Code，二维码内容为"模块名称：××××××，模块厂家：××××××，生产日期：××××年××月，ID：××××××××××××××××××××××"。

功能模块标识应清晰、牢固、易于识别，使用的符号应符合 GB/T 17215.352 的规定。

2. 包装标识

功能模块的包装箱上应有下列标识：

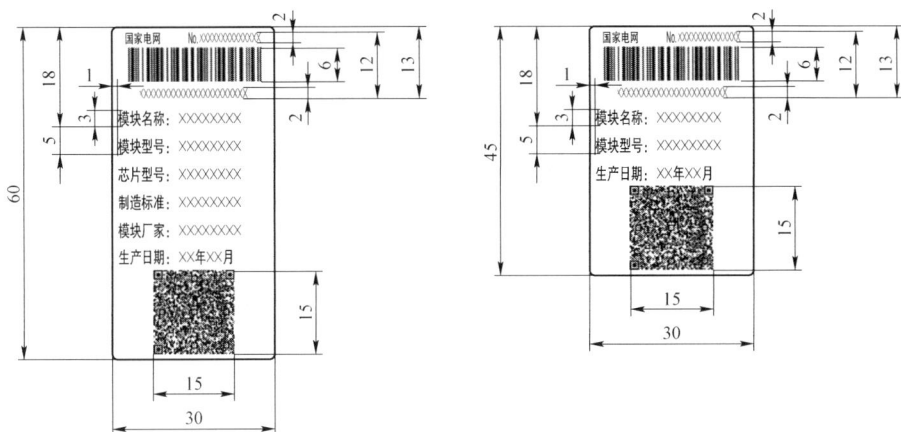

图 2-16 功能模块产品标识

（1）标以"小心轻放""向上""防潮""层叠"等图标；

（2）制造厂商的名称、地址、电话、网址等；

（3）产品名称、型号、执行标准代号等；

（4）产品数量、体积、重量等。

3. 状态指示

（1）远程功能模块状态指示。远程功能模块状态指示灯如图 2-17 所示，具体定义如下：

PWR——电源状态指示，红色，常亮表示正常上电。

WWAN——通信状态指示，绿色，常亮表示模块处于连接/激活状态；快闪表示模块有数据传输；常灭表示模块处于未连接/未激活状态。

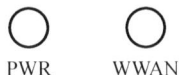

图 2-17 远程功能模块状态指示灯

（2）本地功能模块状态指示。本地功能模块状态指示灯如图 2-18 所示，具体定义如下：

PWR——电源状态指示，红色，常亮表示正常上电。

TRX——模块数据通信指示灯，红绿双色，红灯闪烁表示模块接收数据；绿灯闪烁表示模块发送数据。

图 2-18　本地功能模块状态指示灯

（3）扩展功能模块状态指示。扩展功能模块状态指示灯如图 2-19 所示，具体定义如下：

PWR——电源状态指示，红色，常亮表示正常上电。

TX——模块通信状态指示，绿色，绿灯闪烁表示模块发送数据。

RX——模块通信状态指示，红色，红灯闪烁表示模块接收数据。

图 2-19　扩展功能模块状态指示灯

四、检验规则

（一）检验分类

检验分为验收检验、型式试验、全性能检验三类。

（二）验收检验

1. 项目和建议顺序

对于到货验收的终端，应按型号、生产批号相同者划分为组，按组提供给质检部门，并根据表 2-19 中的项目和建议顺序逐个进行检验。抽样验收时，抽样方案应符合要求。

2. 不合格判定

检验中出现任一检验项目不合格时，判该终端为不合格，应重新进行调换或修理。

（三）型式试验

1. 周期

终端新产品或老产品恢复生产，以及设计和工艺有重大改进时，应进行型式试验。批量生产或连续生产的终端，每两年至少进行一次型式试验，由中国电力科学研究院对样品进行检验。

可靠性验证试验在生产定型时进行，或按客户要求，在系统试运行时进行。

2. 抽样

型式试验的样品应在出厂检验合格的终端中随机抽取。按 GB/T 2829 选择判别水平 I，不合格质量水平（RQL）为 30 的一次抽样方案，见式（2-1）。

$$[n \quad Ac \quad Re] = [3 \quad 0 \quad 1] \tag{2-1}$$

式中 n——样本大小；

Ac——合格判定数；

Re——不合格判定数。

3. 不合格分类

按 GB/T 2829 规定，不合格分为 A、B 两类。各类的权值定为：A 类 1.0，B 类 0.5。

4. 合格或不合格判定

检验项目不合格类别的划分见表 2-19，当一个样本不合格检验项目的不合格权值的累积数不小于 1 时，则判为不合格品；反之为合格品。

对一个样本的某个试验项目发生一次或一次以上的不合格，均按一个不合格计。

（四）全性能检验

全性能检验一般在产品招标前和到货前进行，分别由中国电力科学研究院和国家电网有限公司省级计量中心负责组织实施，样品通过抽样方式确定，抽样方案符合要求。

（五）项目和顺序

检验项目和建议顺序如表 2-19 所示。

表 2-19　　　　　　　　　　检验项目和建议顺序

建议顺序	检验项目	型式试验	验收检验	出厂检验	不合格类别
1	结构	√	√	√	A
2	通信性能和基本传输性能[b]	√	√*		B
3	功能	√	√[a]	√[c]	A
4	电源影响（电源断相、电压变化）	√	√*		A

续表

建议顺序	检验项目	型式试验	验收检验	出厂检验	不合格类别
5	功率消耗	√	√*	√	B
6	接地故障能力	√			A
7	高温	√	√*		A
8	低温	√	√*		A
9	工频磁场抗扰度	√			A
10	射频电磁场辐射抗扰度	√			A
11	射频场感应的传导骚扰抗扰度	√			A
12	静电放电抗扰度	√			A
13	电快速瞬变脉冲群抗扰度	√			A
14	阻尼振荡波抗扰度	√			A
15	浪涌抗扰度	√			A
16	无线电干扰抑制	√			A
17	绝缘电阻	√	√*		A
18	绝缘强度	√	√*		A
19	冲击电压	√	√*		A
20	湿热	√			B

注　验收检验中"√"表示应做的项目，"√*"表示批次抽查的项目。

a　功能和性能中数据采集功能；

b　通信性能和基本传输性能检验对非通信模块不适用；

c　功能检验时，只检数据通信和参数配置功能。

五、运行管理要求

（一）监督抽检

由监督抽检工作组按照统一的监督抽检方案进行抽样和监督抽检试验，对运行的终端进行监督、考核管理，及时排查故障隐患，对抽检结果不满足判定标准要求的及时通报。

（二）周期检测

由当地网省级或地（市）级电能计量中心按照有关管理规定要求组织开展终端周期检验。

（三）故障统计分析

按照制造单位、产品型号等信息分类统计终端故障类型、故障次数、故障原因、故障率，并及时将统计分析结果上报国家电网公司计量中心进行统计汇总，分析查找影响终端质量的关键因素，及时消除故障隐患，并定期发布统计分析结果。

第三节　配电线路故障指示器

配电线路故障指示器是一种用来指示配电系统中配电线路发生短路故障及接地故障并能够进行故障相别指示的检测装置。通过检测配电线路故障电流指示故障所在的出线、分支和区段，给寻找故障提供了极大的方便。

一、配电线路故障指示器分类

根据用途可分为电缆型和架空型。

（1）架空型故障指示器。应用在架空线路上的故障指示器，一般为集传感器、信号传输和就地指示部分为一体的全密闭结构。

（2）电缆型故障指示器。应用在电缆线路上的故障指示器，一般由传感器、信号传输单元和显示单元组成。

二、满足的标准

配电线路故障指示器应满足 GB/T 2423.1《电工电子产品环境试验　第 2 部分：试验方法　试验 A：低温》、GB/T 2423.2《电工电子产品环境试验　第 2 部分：试验方法　试验 B：高温》、GB/T 2423.4《电工电子产品环境试验　第 2 部分：试验方法　试验 Db 交变湿热（12h＋12h 循环）》、GB/T 2423.7《环境试验　第 2 部分：试验方法　试验 Ec：粗率操作造成的冲击（主要用于设备型样品）》、GB/T 4208《外壳防护等级（IP 代码）》、GB/T 5080.7《设备可靠性试验　恒定失效率假设下的失效率与平均无故障时间的验证试验方案》、GB/T 11287《电气继电器　第 21 部分：量度继电器和保护装置的振动、冲击、碰撞和地震试验　第 1 篇：振动试验（正弦）》、GB/T 14598.26《量度继电器

和保护装置 第 26 部分：电磁兼容要求》最新版本的要求，但不限于上述标准。

三、技术要求

（一）功能和性能要求

1. 指示器具有的功能

（1）指示器应具有以下功能：

1）能正确识别接地和短路故障，在合闸励磁涌流及其他系统波动时不误动；

2）能按照用户要求，设定动作后自动复归的时间；

3）远传报警功能。

（2）指示器可具有以下功能：

1）就地指示方式是机械翻转、闪光或组合方式，具有全方位进行观察的功能；

2）测量和传送线路负荷电流或零序电流数据的功能；

3）外部信息采集与通信功能。

（3）电缆型指示器除具有（1）和（2）的功能外，还应具有以下功能：

1）显示单元手动复归和自检功能；

2）内附电池的显示单元提供低电量报警功能；

3）显示单元继电器触点输出功能。

2. 指示器应具有的性能

指示器应具有以下性能：

1）待机状态下的整机工作电流不大于 20μA，电池容量不小于 2000mAh；

2）抗电磁干扰能力符合 GB/T 14598 中相关条款的要求；

3）低温性能符合 GB/T 2423.1—2008 中第 2 章的要求；

4）高温性能应符合 GB/T 2423.2—2008 中第 2 章的要求；

5）壳体防护等级应满足 GB/T 4208 中 IP65 的要求；

6）耐潮湿能力符合 GB/T 2423.4—2008 方法 2（严酷程度：温度+55℃，循环次数 2 次）的要求，能承受 40kA/4s 的工频电流冲击；

7）能承受 GB/T 11287—2000 中规定的严酷等级为 1 级的振动响应和振动耐久试验要求，能承受 GB/T 2423.7—2018 中规定的 1m 高度的自由跌落试验要求；

8）平均无故障时间（MTBF）应大于 8760h。

除以上性能外，电缆型指示器还应具有显示单元能承受 2kV 工频耐受电压 1min 不发生飞弧或击穿的性能。

（二）外观与结构要求

1. 指示器的外观与结构要求

指示器的外观与结构应满足以下要求：

1）整洁美观，部件无损伤、变形；

2）密封材料饱满、均匀，无气泡；

3）传感器部分能方便地带电安装和拆卸；

4）能适应不同的电缆（线）线径。

2. 电缆型指示器的外观与结构要求

电缆型指示器的外观与结构应满足以下要求：

1）装设单独的显示单元并显示动作信号；

2）传感器部分与显示单元采用光纤或无线方式连接，以保证绝缘强度满足要求；

3）在显示单元上设置手动复规和自检功能按钮。

除满足以上外观与结构的要求外，电缆型指示器内附电池的显示单元宜能在不停电状态下进行电池的更换。

（三）使用和安装条件

1. 使用条件

（1）指示器的正常使用条件如下：

1）环境温度：−35～+55℃；

2）环境湿度：不大于 95%RH。

（2）指示器的特殊使用条件可由用户与制造厂商协商确定。

2. 安装条件

（1）电缆型故障指示器安装要求：

1）显示部分便于安装和拆卸；

2）传感器部分同时具备三相和零序两种电流传感器，并安装于电缆上部；

3）光纤接口在安装前使用防尘帽防尘。

（2）架空型故障指示器安装要求：

1）可在架空线上带电安装和拆卸；

2）能适应架空裸导线、架空绝缘线或母排。

四、试验方法

（一）试验条件

指示器的试验应在以下条件进行：

1）湿度：不大于 80%RH；

2）电源：电源电流总谐波畸变率不大于 5%、稳定度 ±3%；

3）试验电流跳变陡度：在测试时，试验电流跳变的时间不大于 10ms。

（二）外观检查和结构要求检查

外观结构检查采用目测法，检查结果应符合三、（二）的要求。

（三）常规试验

1. 一般规定

常温状态下，模拟线路的接地、短路故障，指示器应正确动作；分、合闸，瞬时突变、正常负荷变化引起的电流波动不应引起指示器动作。

按照图 2-20 所示连接试验线路后，进行指示器的常温性能试验。

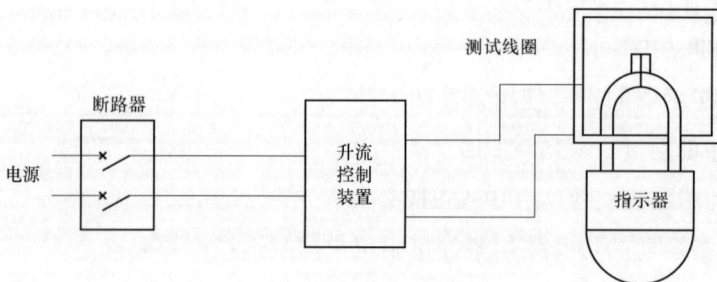

图 2-20 指示器性能试验接线图

2. 模拟相间短路故障试验

故障特征描述：正常负荷电流为 I_1（需考虑小、大负荷），相间短路故障使得负荷电流由 I_1 突增 ΔI 跃变至 I_2，经过时间 Δt 断路器动作跳闸，使得电流降为零，指示器应正确动作。负荷电流变化过程如图 2-21 所示。

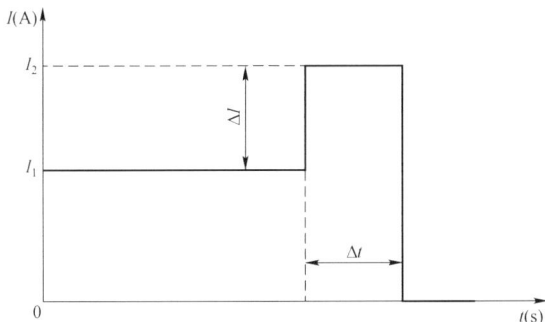

图 2-21　相间短路故障负荷电流示意图

进行出厂试验时，电流和变化时间值可根据技术要求进行调整，无要求时，依据不同负荷变化情况，推荐采用如下 3 组数值：

I_1=10A、I_2=160A、Δt=0.5s；

I_1=10A、I_2=610A、Δt=40ms；

I_1=500A、I_2=700A、Δt=0.5s。

该试验项目每组数值重复 3 次，记录动作情况，动作正确率应达到 100%。

3. 模拟接地故障试验

（1）电缆型故障指示器模拟接地故障试验。故障特征描述：未发生故障时，零序电流 I_1 为零，故障发生使得零序电流从零突增 ΔI 跃变至 I_2，经过时间 Δt 断路器动作跳闸，使得电流降为零（或故障电流持续），指示器应正确动作。零序电流变化过程如图 2-22 所示。

进行出厂试验时，电流和变化时间值可根据技术要求进行调整，无要求时，推荐采用如下数值：I_1=0A、I_2=50A、Δt=0.5s。

该试验项目重复 10 次，记录动作情况，动作正确率应达到 100%。

（2）架空型故障指示器模拟接地故障试验。在正常温度环境下，将指示器接入模拟接地故障回路中，在回路中施加接地故障电流，当回路中的接地

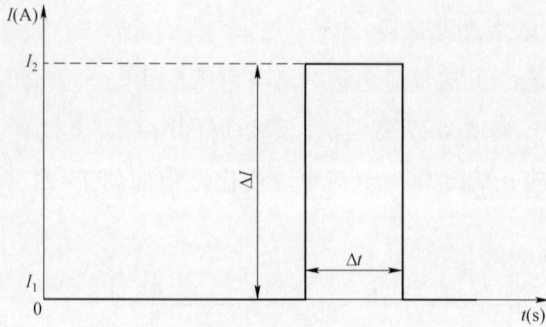

图 2-22　线路接地故障零序电流示意图

故障电流值超过接地故障电流报警动作值并满足所有其他故障判据条件或回路中出现超过设定故障报警特征值时，指示器应正确动作。

该试验项目重复 10 次，记录动作情况，动作正确率应达到 100%。

4. 模拟线路突合负载涌流试验

故障特征描述：电流从零突然增加至 I_1，经过 Δt 后电流恢复为 I_2，指示器应不动作。电流变化过程如图 2-23 所示。

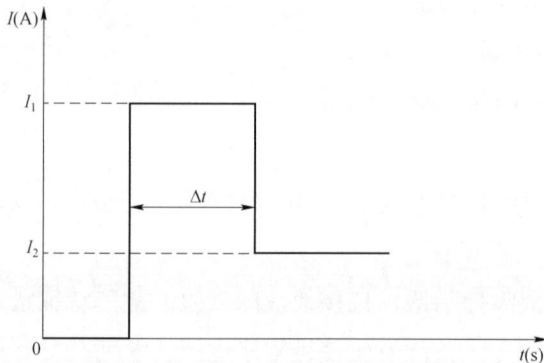

图 2-23　线路突合负载涌流电流示意图

进行出厂试验时，电流和变化时间值可根据技术要求进行调整，无要求时，推荐采用如下数值：I_1=610A、I_2=10A、Δt=0.2s。

该试验项目重复 10 次，记录动作情况，指示器应不误动作，动作正确率应达到 100%。

5. 模拟非故障相重合闸涌流试验

故障特征描述：电流从 I_1 保持 15s，降为 0A 并持续 0.2s，然后增加至 I_2，经过Δt后电流下降为0，指示器应不动作。电流变化过程如图2-24所示。

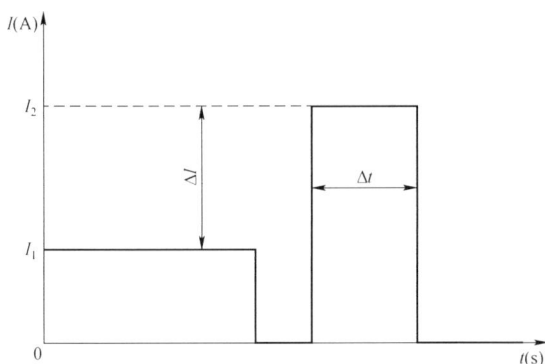

图2-24 非故障相重合闸涌流电流示意图

进行出厂试验时，电流和变化时间值可根据技术要求进行调整，无要求时，推荐采用如下数值：$I_1=10A$、合闸后电流$I_2=610A$、$\Delta t=0.5s$。

该试验项目重复10次，记录动作情况，指示器应不误动作，动作正确率应达到100%。

6. 模拟负荷瞬时突变试验

故障特征描述：电流由I_1持续15s，然后突增到I_2，持续Δt后恢复为I_1，指示器应不动作。电流变化过程如图2-25所示。

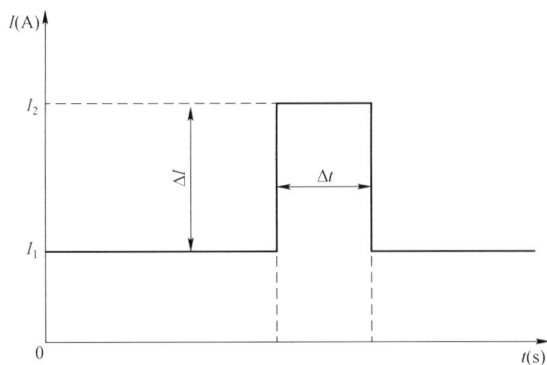

图2-25 负荷瞬时突变电流示意图

进行出厂试验时，电流和变化时间值可根据技术要求进行调整，无要求时，推荐采用如下数值：$I_1=10A$、$I_2=610A$、$\Delta t=0.2s$。

该试验项目重复 10 次，记录动作情况，指示器应不误动作，动作正确率应达到 100%。

7. 模拟人工投切大负荷试验

故障特征描述：线路电流 I_1 持续 15s，突增为 I_2 后持续 3s，然后下降为 0，指示器应不动作。电流变化过程如图 2-26 所示。

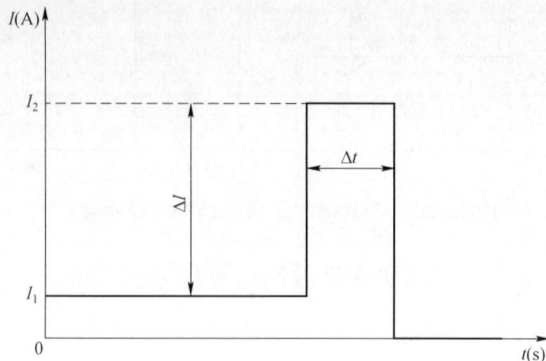

图 2-26　人工投切大负荷电流示意图

进行出厂试验时，电流和变化时间值可根据技术要求进行调整，无要求时，推荐采用如下数值：I_1=10A、I_2=610A、Δt=3s（用在具有反时限保护的线路时 Δt 可选为 10s）。

该试验项目进行 10 次，记录指示器动作情况，指示器应不误动作，动作正确率应达到 100%。

8. 模拟空载合闸励磁涌流试验

故障特征描述：线路电流从 0 突增为 I_1 后持续 0.2s，然后下降为 0，指示器应不动作。电流变化过程如图 2-27 所示。

进行出厂试验时，电流和变化时间值可根据技术要求进行调整，无要求时，推荐采用如下数值：I_1=600A、Δt=0.2s。

该试验项目进行 10 次，记录指示器动作情况，指示器应不误动作，动作正确率应达到 100%。

9. 最小不动作电流试验

故障特征描述：线路电流为 I_1 持续 15s，然后突增为 I_2，经过 Δt 后降为 0，指示器应不动作。电流变化过程如图 2-28 所示。

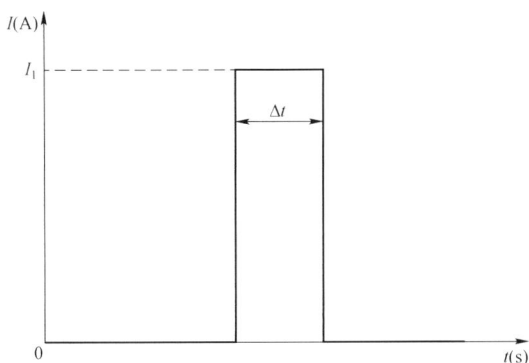

图 2-27　空载合闸励磁涌流电流示意图

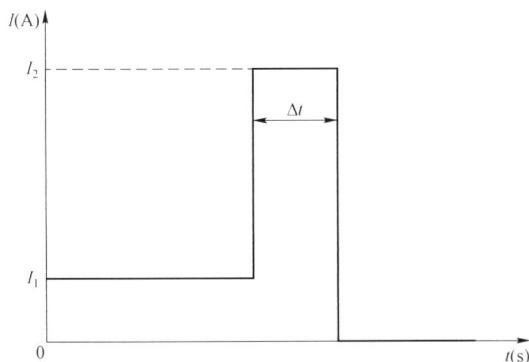

图 2-28　最小不动作电流示意图

进行出厂试验时，电流和变化时间值可根据技术要求进行调整，无要求时，推荐采用如下数值 $I_1=10A$、$I_2=80A$、$\Delta t=1s$。

该试验项目进行 10 次，记录指示器动作情况，指示器应不误动作，动作正确率应达到 100%。

（四）高温性能试验

指示器的高温性能试验应按照 GB/T 2423.2—2008 中的方法 Bb 进行，严酷等级：温度+60℃、持续时间 2h，温度稳定后 5min 内将装置安装至测试回路并分别模拟线路的接地、短路故障各 5 次，记录动作情况，指示器应 100% 正确动作。

（五）低温性能试验

指示器的低温性能试验应按照 GB/T 2423.1—2008 中的方法 Ab 进行，严酷等级：温度−40℃、持续时间 2h，温度稳定后 5min 内将装置安装至测试回路并分别模拟线路的接地、短路故障各 5 次，记录动作情况，指示器应 100% 正确动作。

（六）工频耐压试验

在电缆型指示器显示单元的端子和外壳之间施加额定工频电压 2kV、持续 1min，应无飞弧或击穿。

（七）抗干扰试验

在以下条件下，进行模拟相间短路故障试验、模拟接地故障试验，每项试验进行 3 次，动作正确率应达到 100%：

1）辐射电磁场的干扰试验按照 GB/T 14598.26—2015 进行，严酷等级 4 级；

2）快速瞬变干扰试验按照 GB/T 14598.26—2015 进行，严酷等级 B 级；

3）静电放电试验按照 GB/T 14598.26—2015 进行，严酷等级 4 级；

4）承受脉冲群干扰的能力按照 GB/T 14598.26—2015 进行，严酷等级 4 级。

（八）功耗试验

常温状态下，在指示器的电源回路接入直流电流表，测试其待机状态下的电流。指示器在待机状态下的电流应小于 20μA，功耗应满足产品生产厂家技术条件的有关要求。

（九）壳体防护等级试验

按照 GB/T 4208 中 IP65 的要求进行试验，指示器应满足相关要求。

（十）电缆型故障指示器复归和自检功能试验

在待机状态下，通过操作复归功能按钮，指示器应能进入自检状态，自检结束后再次进入待机状态。

（十一）低电量报警功能试验

电缆型指示器的显示单元，当电池电压低于低电量报警电压设定值时，检查指示器低电量报警应启动。

（十二）工频电流冲击试验

对架空型指示器和电缆型指示器的传感器部分施加工频 40kA/4s 的冲击电流，之后按照模拟相间短路故障试验、模拟接地故障试验规定的内容进行试验。每项试验进行 3 次（模拟相间短路故障试验中规定的试验内容可只选择一种电流数值进行)，动作正确率应达到 100%。

(十三) 振动耐久试验

指示器应按照 GB/T 11287—2000 中规定的严酷等级 I 级进行振动响应和振动耐久试验，之后按照模拟相间短路故障试验、模拟接地故障试验规定的内容进行试验。每项试验进行 3 次 (模拟相间短路故障试验中规定的试验内容可只选择…种电流数值进行)，动作正确率应达到 100%。

(十四) 自由跌落试验

指示器应按照 GB/T 2423.7 中的要求进行 1m 高度的自由跌落试验。试验后，指示器应无破损、鞍裂，并按照模拟相间短路故障试验、模拟接地故障试验规定的内容进行试验，每项试验进行 3 次 (模拟相间短路故障试验中规定的试验内容可只选择一种电流数值进行)，动作正确率应达到 100%。

(十五) 交变湿热

按照 GB/T 2423.4—2008 方法 2 的要求进行，严酷程度：温度+55℃，循环次数 2 次，指示器恢复至常温状态后，按照相应要求进行外观和结构检查，并按照模拟相间短路故障试验和模拟接地故障试验规定的内容进行试验。每项试验进行 3 次 (模拟相间短路故障试验中规定的试验内容可只选择一种电流数值进行)，动作正确率应达到 100%。对电缆型指示器重复 5.6 规定的试验内容，应无飞弧或击穿。

(十六) 平均无故障时间试验

按照 GB/T 5080.7 的要求，进行平均无故障时间试验。

五、检验规则

(一) 产品检验分类

指示器的试验分为出厂试验、型式试验和特殊试验。

(二) 出厂试验

每台指示器出厂前均应进行出厂试验。

(三) 型式试验

(1) 下列情况应进行型式试验：

1) 新产品或老产品转厂生产的实质定型鉴定前。

2）正式生产后如结构、材料、工艺有较大改变，可能影响产品性能时。

3）正式生产后，应至少每 3 年进行一次周期性试验。

4）产品停产 1 年以上又恢复生产时。

5）1/3 以上产品出厂试验结果与上次型式试验有较大差别时。

6）国家技术监督机构或受其委托的技术检验部门提出型式试验要求时。

（2）型式试验的抽样与判定应符合下列规定：

1）型式试验从出厂试验合格产品中任意抽取 3 台作为样品。

2）经过型式试验，全部样品都合格的，则判定该产品本次型式试验合格。

3）试验中如发现有 2 台及以上样品不合格的，则判定该产品本次型式试验不合格。

4）试验中如发现有 1 台样品不合格的，则应加倍抽样，重新进行型式试验。如全部样品都合格，仍判定该产品本次型式试验合格。如第二次抽样样品仍存在不合格，则判断本次型式试验不合格。

5）试验中产品样品出现故障允许进行修复，修复内容如对已做过试验项目的结果没有影响，可继续进行试验。反之，受影响的试验项目应重新进行。

（四）特殊试验

在国家技术监督机构或受其委托的技术检验部门提出特殊试验要求时应进行特殊试验。

（五）试验项目

出厂试验与型式试验应按照表 2-20 规定的试验项目进行。

表 2-20　　　　　　　　　试 验 项 目 表

试验项目	出厂试验	型式试验	特殊试验
外观检查	+	+	
结构检查	—	+	
常规试验	+	+	
高温性能试验		+	
低温性能试验		+	
工频耐压试验	—	+	
复归和自检功能试验（电缆型）	+	+	

续表

试验项目	出厂试验	型式试验	特殊试验
抗干扰试验	—	+	
功耗试验	—	+	
壳体防护等级试验		+	
低电量报警功能试验	—	+	
工频电流冲击试验		+	
振动耐久试验		+	
自由跌落试验	—	+	
交变湿热试验		+	
平均无故障时间试验	—		+

注 表中"+"表示应进行的试验项目,"—"表示不进行的试验项目。

第三章 输电数字化电力设备及使用规范

第一节 在线监测装置

输电线路的运行过程中难免会遭受严重恶劣天气、灾害等自然因素及人为施工等外力破坏的影响，这可能导致输电线路的故障和损坏，从而影响输电系统的整体安全性。传统线路检测模式主要依靠巡视，巡视时间间隔较长，容易出现漏检等情况。而通过使用在线监测设备可以实时监测各项数据指标，及时掌握线路的各种状况，并通过数据传输及时反馈给相关人员，提高输电线路系统的安全性和可靠性。针对设备本体，通过分布式故障定位、异常诊断装置、导线精灵、金具温度等智能终端装置的规模化部署、规范化应用，实现设备本体状态的全天候监测、主动评估、智能预警。以区段为单位部署输电线路边缘物联代理装置，针对不同区域、不同数量感知终端的接入，开展各类型监测设备通信方式和协议规约的适配，实现图像宽带数据及传感器窄带数据的融合传输及边缘处理，网络较差环境下数据的可靠回传。目前在线监测装置主要有分布式故障检测装置、气象监测装置、导线一体化监测装置、微拍监测装置、覆冰监测装置、电缆接地电流监测装置等。

一、分布式故障检测装置

1. 分布式故障检测装置技术参数

分布式故障检测装置技术参数见表 3-1。

表 3-1　　　　　　　　　　分布式故障检测装置技术参数表

项目	要求值
功能要求	装置由高清摄像机、数据处理单元、4G 通信单元及供电系统组成。装置可配置多种模式进行巡航拍照，将采集到的图片通过 4G 无线网络传输到监控中心，监控中心可通过管理平台软件对前端传来的图片数据进行管理、存储、推送等操作。 　　装置内部需集成人工智能算法模块，支持 AI 边缘计算。人工智能算法模块可对采集到的图片进行智能化分析处理，进而对场景中的相关对象进行理解，识别出线路通道中易造成外破隐患的大型机械，如吊车、挖掘机、推土机、灌浆机、打桩机、塔吊等工程作业机械；对识别出此类隐患的图片认定为异常图片，并立即自动上传主站并推送。 　　具备智能分析、自动巡线、预置位抓拍、远程控制及远程维护等功能
技术参数要求	总功耗：≤5W。 定时上传：按照设定的定时上传时间间隔上传图片。 设备防护等级：IP65。 摄像机：采用主副双摄像头 + 20 倍光学变焦镜头设计。前置主副摄像机，实现通道及导线监测，主摄像机像素不低于 1600 万，实现白天高清采集；副摄像机像素不低于 200 万，实现夜晚监控，并可实现上下 $-45°\sim+45°$ 调节，以适应不同地形的监测需要；云台摄像头支持水平 $360°$、垂直 $-90°\sim+90°$ 旋转，实现对本塔状态、金具、绝缘子串、导线和通道的全方位无死角监控。 摄像机通道数量：双摄像头，广角镜头≥120°。 拍照像素：可设置。 拍照周期：可设置最快 1 张/2min，AI 识别周期可设置最快 1min/张。 拍照时间段：00:00～23:59 可设置。 传输协议：TCP 或者 UDP。 图片通信协议：国网 I1。 卫星定位：GPS 或北斗定位。 数据存储容量：≥8G。 数据整理功能：前端设备支持周期性的数据清理和清除。 太阳能光伏组件：总功率≥30W。 蓄电池：磷酸铁锂电池，电池组标称容量≥20Ah。支持无光照条件下 30 天连续供电。 主动召唤：设备支持定时和响应主站召测回传设备的状态信息，抓拍图片及短视频不短于 10s 等功能。 图像智能识别功能：内置人工智能算法模块，支持 AI 边缘计算。人工智能算法模块能够识别出线路通道中易造成外破隐患的大型机械，如吊车、挖掘机、推土机、灌浆机、打桩机、塔吊等工程作业机械。 自检诊断：装置工作状态自检、诊断、管理、自恢复。 配置更新：远程更新程序、查询/配置、远程调试、复位
通信要求	4G 模块支持内网、互联网大区接入
	前端设备同时支持联通、电信、移动 4G 通信网络。当从一个运营商切换到另一个运营商时，硬件无须更换和升级
质保期	3 年
平台接入	具备接入浙江省电力有限公司输电全景监控应用群、互联网大区。
技术服务	具备投标相关产品运维经验。

2. 使用环境条件

使用环境条件见表 3-2。

表 3－2   分布式故障检测装置使用条件环境表

序号	项目	内容
1	工作温度	−25～+70℃
2	工作湿度	0～100（RH）
3	大气压力	550hPa～1060hPa

二、气象监测装置

（一）满足的标准

气象监测装置应满足表 3－3 所列标准的最新版本要求，但不限于所列标准。设备均应按规定的标准和规程的最新版本进行设计、制造、试验和组装。如果这些标准内容有矛盾，应按最高标准的条款执行。

表 3－3   气象监测装置标准和规范

序号	标准号	标准名称
1	GB/T 191	包装储运图示标志
2	GB/T 2887	计算机场地通用规范
3	GB/T 4208	外壳防护等级（IP 代码）
4	GB 11463	电子测量仪器可靠性试验
5	GB 50198	民用闭路监视电视系统工程技术规范
6	GB 50395	视频安防监控系统工程设计规范
7	GB 50545	110kV～750kV 架空输电线路设计规范
8	GB/T 2423.1	电工电子产品环境试验 第2部分：试验方法 试验 A：低温
9	GB/T 2423.2	电工电子产品环境试验 第2部分：试验方法 试验 B：高温
10	GB/T 2423.4	电工电子产品环境试验 第 2 部分：试验方法 试验 Db：交变湿热（12h＋12h 循环）
11	GB/T 2423.10	环境试验 第2部分：试验方法 试验 Fc：振动（正弦）
12	GB/T 3482	电子设备雷击试验方法
13	GB/T 6587	电子测量仪器通用规范
14	GB/T 16611	无线数据传输收发信机通用规范
15	GB/T 16927.1	高电压试验技术 第 1 部分：一般定义及试验要求

序号	标准号	标准名称
16	GB/T 17626.2	电磁兼容　试验和测量技术　静电放电抗扰度试验
17	GB/T 17626.3	电磁兼容　试验和测量技术　射频电磁场辐射抗扰度试验
18	GB/T 17626.8	电磁兼容　试验和测量技术　工频磁场抗扰度试验
19	GB/T 17626.9	电磁兼容　试验和测量技术　脉冲磁场抗扰度试验
20	YD/T 799	通信用阀控式密封铅酸蓄电池
21	GA/T 70	安全防范工程建设与维护保养费用预算编制方法
22	GA/T 75	安全防范工程程序与要求
23	GA/T 367	视频安防监控系统技术要求
24	DL/T 741	架空输电线路运行规程
25	DL/T 5092	110kV～500kV 架空送电线路设计技术规程
26	QJ/T 815.2	产品公路运输加速模拟试验方法
27	Q/GDW 242	输电线路状态监测装置通用技术规范
28	Q/GDW 561	输变电设备状态监测系统技术导则
29	Q/GDW 560	输电线路图像/视频监控装置技术规范
30	DL/T 283.1	电力视频监控系统及接口　第 1 部分：技术要求
31	DL/T 283.2	电力视频监控系统及接口　第 2 部分：测试方法
32	Q/GDW 517.1	电网视频监控系统及接口　第 1 部分：技术要求
33	Q/GDW 517.2	电网视频监控系统及接口　第 2 部分：测试方法
34	IEC 61215 – 2：2016	Terrestrial photovoltaic（PV）modules-Design qualification and type approval-Part 2：Test procedures
35	T/CEC 288—2019	光伏发电系统背接触晶体硅光伏组件技术要求
36	Q GDW 1243	输电线路气象监测装置技术规范
37		浙江电网输电线路在线监测装置应用层数据传输规约（试行）

（二）技术参数

1. 气象监测装置技术参数

气象监测装置技术参数见表 3-4。

表 3-4 气象监测装置技术参数响应表

项目	项目	单位	标准参数值
传感器	工作温度	℃	-30~+70
	风向传感器测量范围	(°)	0~360
	风向传感器分辨率	(°)	3
	风向传感器准确度	(°)	±5
	风向传感器启动测量风速	m/s	<0.5
	风向传感器抗风强度	m/s	75
	风速传感器测量范围	m/s	0~60
	风速传感器分辨率	m/s	0.1
	风速传感器准确度	m/s	±(0.5+0.03V)，V 为标准风速值
	风速传感器启动测量风速	m/s	<0.5
	风速传感器抗风强度	m/s	75
	雨量传感器测量范围	mm/min	0~4
	雨量传感器分辨率	mm	0.2
	雨量传感器准确度	mm	±0.4（≤10 时）；±4%（>10 时）
	温度测量范围	℃	-30~+60
	温度测量分辨率	℃	±0.1
	温度测量准确度	℃	±0.5
	相对湿度测量范围	%	0~100
	相对湿度分辨率	%	1
	相对湿度准确度	%	±4（电容式湿度传感器，<80 时）；±8（电容式湿度传感器，≥80 时）
	气压传感器测量范围	Pa	55000~106000（550~1060hPa*）
	气压传感器分辨率	Pa	10（0.1hPa）
	气压传感器准确度	Pa	±30（±0.3hPa）
整体功耗	整体功耗	W	≤0.4
蓄电池	工作温度	℃	-30~+70
太阳能板	输出电压	V	15~25
	补充太阳能板功率	W	≥50

项目	项目	单位	标准参数值
数据采集器	工作温度	℃	-30～+70
	工作电压	V	11.8～19
	循环存储数据	天	>90
通讯模块	工作温度	℃	-30～+70
	通信方式	—	4G/5G 专网
	通信协议	—	TCP/UDP
充电控制器	工作温度	℃	-30～+70
	工作电压	V	11.8～25
	启动电压	V	<10.8

*hPa 代表百帕斯卡（hectopascal，1hPa=100Pa）。

2. 使用环境条件

使用环境条件见表 3-5。

表 3-5　　　　　　　　　气象监测装置使用条件环境表

序号	类别	单位	数值
1	环境温度	℃	-25～45
2	相对湿度	%RH	5～100
3	大气压力	kPa	50～106
4	海拔	m	<2000

3. 性能要求

性能要求见表 3-6。

表 3-6　　　　　　　　　气象监测装置性能要求表

序号	功能项	功能描述
1	基本技术要求	1）应有防雨、防潮、防尘、防腐蚀措施； 2）外壳的防护性能应符合 GB/T 4208 规定的 IP66 级要求； 3）电源应有可靠的保护措施，应避免因电源故障对杆塔造成损伤； 4）各零部件应按 JB/T 5750 的有关规定进行防盐雾、防潮湿、防霉菌的处理； 5）应具有良好的防振结构； 6）应具有良好的抗工频电磁干扰性能和良好的接地安装措施，能实现在特高压电磁环境中数据的准确、完整采集，以及对前端设备的准确控制。 7）装置应具备塔下现场调试功能

序号	功能项	功能描述
2	供电要求	1）电源系统具有过压保护、防过充等功能，电池组标称容量不小于 20Ah； 2）电池使用寿命：≥5 年；电池满足 Q/GDW 11449 中 30 天持续供电试验要求；按 10min 发送一次数据工况，各类气象条件下可连续工作不少于 20 天； 3）太阳能电池板使用寿命：≥10 年
3	基本功能要求	1）机箱外观应整洁，无损伤和变形，表面涂层无开裂、脱落现象； 2）传感器的防护性能应符合 GB/T 4208 规定的 IP66 级要求；外观应整洁，无损伤和变形，表面涂层无开裂、脱落现象； 3）各零部件应安装正确，牢固可靠，操作部分不应有迟滞、卡死、松脱等现象； 4）各零部件应按有关规定进行防盐雾、防潮湿、防霉菌的处理； 5）机箱上应有型号、名称、出厂编号、出厂日期、制造厂名等标记； 6）气象要素采集单元质量不大于 1kg，机箱、太阳能板、通信模块、支架及螺钉总质量不大于 15kg； 7）机箱、太阳能板安装支架及螺钉应采用镀锌材料； 8）通信模块防护性能应符合 GB/T 4208 规定的 IP66 级要求； 9）太阳能板应采用铝合金边框，电源应满足设备各种气象条件下持续 30 天供电需求
4	数据采集要求	1）应能传感、采集气象数据，并将测量结果利用通信模块通过通信网络传输到状态监测代理装置或状态监测主站； 2）应具备自动采集功能，按设定时间间隔自动采集和发送气象参数，默认情况下气象数据采样间隔为 10min，最小采样间隔小于 5min，最高采样间隔大于 60min，数据采样和算法参见 Q/GDW1243 附录 A 相关要求； 3）输出的信息包括：监测点微气象数据、装置电源电压、工作温度、心跳包等工作状态数据
5	边缘物联代理功能	宜具备物联通信功能
6	通信功能	通信接口和应用层数据传输规约应满足《浙江电网输电线路在线监测装置应用层数据传输规约（试行）》
7	硬件与软件	1）具备对装置自身工作状态，包括采集、存储、处理、通信等的管理与自检测功能； 2）当判断装置出现运行故障时，能启动相应措施恢复装置的正常运行状态
8	远程更新、配置与调试	1）应具备身份认证、远程更新程序的功能，具备完善的更新机制与方式； 2）应具备按远程指令修改采集频率、采样时间间隔、网络适配器地址等参数的能力； 3）应具备动态响应远程查询/设置、数据请求、复位等指令的能力； 4）宜能按远程指令进入远程调试模式，并输出相关调试信息

4. 试验检测要求

试验检测要求见表 3−7。

表 3−7　　　　　　　　　　气象监测装置试验检测要求表

序号	检验项目	试验方法及要求
1	结构和外观检查	Q/GDW 11449 中 4.2
2	质量和尺寸检查	Q/GDW 11449 中 4.3

序号	检验项目		试验方法及要求
3	防护等级试验		GB/T 4208 Q/GDW 11449 中 4.4
4	准确度（气温，相对湿度，风速，风向，气压，雨量，光辐射）		Q/GDW 11449 中 5.1
5	功能检验	功能检验（含数据传输规约测试）	Q/GDW 1243 中 7.2.2
		连续运行试验（168h）	Q/GDW 1243 中 7.2.2
6	供电电源性能试验	额定容量/能量试验	Q/GDW 11449 中 4.12.1
7		30 天持续供电试验	Q/GDW 11449 中 4.12.2
8		过电流保护试验	Q/GDW 11449 中 4.12.4.2
9	环境试验	低温试验	GB/T 2423.1 Q/GDW 11449 中 4.8.2
10		交变湿热试验	GB/T 2423.4 Q/GDW 11449 中 4.8.3 交变湿热试验与低温试验连续进行
11		覆冰试验	DL/T 1247 Q/GDW 11449 中 4.8.5
12		盐雾腐蚀试验	GB/T 10125 Q/GDW 11449 中 4.8.6
13	电磁兼容试验	静电放电抗扰度试验	GB/T 17626.2 Q/GDW 11449 中 4.9.1
14		射频电磁场辐射抗扰度试验	GB/T 17626.3 Q/GDW 11449 中 4.9.2
15		电快速瞬变脉冲群抗扰度试验	GB/T 17626.4 Q/GDW 11449 中 4.9.3
16		浪涌（冲击）抗扰度试验	GB/T 17626.5 Q/GDW 11449 中 4.9.4
17		工频磁场抗扰度试验	GB/T 17626.8 Q/GDW 11449 中 4.9.5
18		脉冲磁场抗扰度试验	GB/T 17626.9 Q/GDW 11449 中 4.9.6
19	电气性能	雷击试验	Q/GDW 11449 中 4.10.4
20	机械性能试验	振动试验	GB/T 2423.10 Q/GDW 11449 中 4.11.1
21		运输试验	Q/GDW 11449 中 4.11.4

序号	检验项目	试验方法及要求
22		外观检查	IEC 61215-2：2016 中 4.1
23	光伏组件性能试验	EL 测试	T/CEC 288—2019 中 5
24		标准环境下的 I-V 特性试验	IEC 61215-2：2016 中 4.6
25		绝缘试验	IEC 61215-2：2016 中 4.3

三、导线一体化监测装置

（一）满足的标准

导线一体化监测装置应满足表 3-8 所列标准的最新版本要求，但不限于所列标准。设备均应按规定的标准和规程的最新版本进行设计、制造、试验和组装。如果这些标准内容有矛盾，应按最高标准的条款执行或按商定的标准执行。

表 3-8　　　　　　　　　　导线一体化监测装置标准和规范

标准号	标准名称
GB/T 2423.1	电工电子产品环境试验　第 2 部分：试验方法试验 A：低温
GB/T 2423.2	电工电子产品环境试验　第 2 部分：试验方法试验 B：高温
GB/T 2423.3	电工电子产品环境试验　第 2 部分：试验方法试验 Cab：恒定湿热
GB/T 2423.4	电工电子产品环境试验　第 2 部分：试验 Db：交变湿热试验方法
GB/T 17626.2	电磁兼容试验和测量技术　静电放电抗扰度试验
GB/T 17626.3	电磁兼容试验和测量技术　射频电磁场辐射抗扰度试验
GB/T 17626.8	电磁兼容试验和测量技术　工频磁场抗扰度试验
GB/T 17626.9	电磁兼容试验和测量技术　脉冲磁场抗扰度试验
GB/T 4857	包装、运输件基本试验
GB4943	信息技术设备（包括电气事务设备）的安全
GB/T 4208	外壳防护等级（IP 代码）
ITU H.264	视音频解码标准
IWWW802.3U	100BASE-TX 快速以太网接口标准

标准号	标准名称
IEEE802.3z	基于 OOOBase-X 千兆以太网技术标准
IEEE802.3ah	以太网协议连接服务供应商与用户标准
DL/T 664	带电设备红外诊断应用规范
GB/T 22239	信息系统安全等级保护基本要求
GB/T 19292.2	金属和合金的腐蚀 大气腐蚀性 第2部分：腐蚀等级的指导值
GB 26859	电力安全工作规程电力线路部分
GB/T 2423.17—2008	电工电子产品环境试验 第2部分：试验 Ka：盐雾
GB/T 2423.10—2019	电工电子产品环境试验 第2部分：试验 Fc 和导则：振动（正弦）
GB/T 17626.12—2023	电磁兼容 试验和测量技术 第12部分：振铃波抗扰度试验
GB/T 17626.5—2019	电磁兼容 试验和测量技术 浪涌（冲击）抗扰度试验

（二）技术参数

导线一体化监测装置技术参数见表 3-9。

表 3-9　　　　　　　　　导线一体化监测装置技术参数表

序号	项目	标准参数值
1	功能要求	1）应具备全方位、高效掌握线路各类状态功能，且实现导线监测类在线监测装置的高集成化，终端安装的标准化和小型化。装置直接安装在输电线路导线上。 2）取能供电模块采用交流感应取电技术。 3）具备 4G/WIFI 传输功能模块，图像传感器。 4）应具备定时拍摄、召回拍摄、报警抓拍等多种工作模式。 5）导线测温采集模块应具备实时导线表面温度测量功能，可以为线路动态增容、线路耐张线夹发热监测、线路直流融冰等领域提供实时数据支持。 *6）应具备通过倾角计算弧垂的功能
2	线路适用范围	输电线路/配网线路：10～1000kV
3	导线适用范围（线径单位：mm）	配电线路/输电线路：适用于裸导线及绝缘导线，线径要求 11.4～18（橡胶垫外包铝绞丝安装）；线径 18～40（橡胶垫安装）
4	能量获取方式	高效交流感应取能技术
5	启动电流（A）	≤20
6	最大交流感应功率（W）	≥15
7	交流电流范围（A）	20～1000（单导线）

序号	项目	标准参数值
8	环境温度测量范围（℃）	−40～+50；准确度：±0.5
9	环境湿度测量范围	0～100%RH；准确度：±4%（电容式湿度传感器，＜80%时）；±8%（电容式湿度传感器，≥80%时）
10	导线测温传感器安装方式	内置直接接触式
11	导线测温测量范围（℃）	−40～+120；测量精度：±1
12	定时上传	按照设定的定时上传时间间隔上传图片
13	设备防护等级	装置外壳采用双层结构设计，外层自动排水设计，内部核心部件层达到 IP66
14	安装方式	装置和导线通过硅橡胶压紧紧固。外壳不和导线表面直接接触
15	摄像机分辨率	不低于 200 万像素
16	最低照度（lx）	0.01
17	*夜间拍照功能	*带红外灯，支持夜间拍照功能
18	摄像机通道数量	1 个
19	拍照像素	可设置
20	拍照周期	可设置最快 1 张/5min
21	拍照时间段	00:00—23:59 可设置
22	传输协议	TCP 或者 UDP
23	图片通信协议	国网 I1
24	实时视频通信协议	RTMP 或者 RTSP
25	卫星定位	GPS、北斗定位
26	视频格式	MP4 或者 H.264
27	视频录制分辨率	可设置，至少能够支持 CIF、720P、1080P 三种设置
28	视频录制时长	可设置，默认 10s
29	数据存储容量	≥2G
30	备用电池（Ah）	三元锂离子电芯，电池组标称容量不小于 20
31	外壳形态	曲面设计，铝合金外壳，防电晕设计
32	通信要求	*1）4G 模块支持 APN 专网接入，实现专网安全传输；*2）前端设备同时支持联通、电信、移动 4G 通信网络。当从一个运营商切换到另一个运营商时硬件无须更换和升级
33	平台接入	能够接入省电力公司状态监测平台

（三）验收内容

验收内容包括但不限于以下项目：

1）功能要求的符合性；

2）技术参数的符合性；

3）产品结构形式是否符合要求；

4）产品质量及其合格证；

5）产品材质检测报告；

6）运行试验；

7）产品技术报告、产品使用说明书等文档。

四、微拍监测装置

1. 微拍监测装置技术参数

微拍监测装置技术参数见表 3-10。

表 3-10 微拍监测装置技术参数响应表

内容	要求值
功能要求	1）装置由高清摄像机、数据处理单元、4G 通信单元及供电系统组成。装置可配置多种模式进行巡航拍照，将采集到的图片通过 4G 无线网络传输接入浙江省电力公司状态监测平台或指定互联网大区平台，监控中心可通过管理平台软件对前端传输来的图片数据进行管理、存储、推送等操作。 2）装置内部需集成人工智能算法模块，人工智能算法模块可对采集到的图片进行智能化分析处理，进而对场景中的相关对象进行理解，识别出线路通道中易造成外破隐患的大型机械，如吊车、挖掘机、推土机等工程作业机械，对识别出此类隐患的图片认定为异常图片并自动上传主站推送
技术参数要求	1）总功耗：≤5W。 2）定时上传：按照设定的定时上传时间间隔上传图片。 3）设备防护等级：IP65。 4）摄像机分辨率：1920×1080P。 5）摄像机通道数量：1 个。 6）拍照像素：可设置，不低于 200 万。 7）拍照周期：可设置最快 1 张/5min。 8）拍照时间段：00:00—23:59 可设置。 9）传输协议：TCP 或者 UDP。 10）图片通信协议：国网 I1。 11）卫星定位：GPS、北斗定位。 12）数据存储容量：≥2G。 13）数据整理功能：前端设备支持周期性的数据清理和清除。

续表

内容	要求值
技术参数要求	14）太阳能光伏组件：总功率≥20W。 15）蓄电池：三元锂离子电芯，电池组标称容量≥20Ah。 16）主动召唤：设备支持定时和响应主站召测回传设备的状态信息、抓拍图片、视频等功能。 17）图像智能识别功能：内置人工智能算法模块，该模块能够识别出线路通道中易造成外破隐患的大型机械，如吊车、挖掘机、推土机等工程作业机械。 18）自检诊断：装置工作状态自检、诊断、管理、自恢复。 19）配置更新：远程更新程序、查询/配置、远程调试、复位
通信要求	需接入浙江省电力公司状态监测平台或指定互联网大区平台
	前端设备同时支持联通、电信、移动4G通信网络。当从一个运营商切换到另一个运营商时硬件无须更换和升级，4G模块支持APN专网接入和公网接入，实现专网安全传输和外网平台需求
技术服务	具备浙江省全省性投标相关产品运维经验、用户证明报告或评价资料
其他要求	可靠性（平均无故障工作时间）：MTBF应不低于25000h
	年均数据缺失率，应不大于1%
	电磁兼容：应具有良好的抗工频电磁干扰性能，能实现在特高压电磁环境中正常工作，满足电磁兼容四级要求

2. 使用环境条件

使用环境条件见表3-11。

表3-11 微拍监测装置使用条件环境表

序号	项目	内容
1	工作温度（℃）	-25～+70
2	工作湿度（%）	0～100（RH）
3	大气压力（hPa）	550～1060

五、输电线路视频在线监测装置

（一）设备技术参数

设备技术参数见表3-12。

表 3 – 12 　　　　　　　　输电线路视频在线监测装置设备技术参数

序号	参数名称	项目需求值或表述	备注
1	可视化监拍单元	设备应配置云台变焦镜头、通道摄像头、下视摄像头。主机设备应支持接入副机，满足实际场景检测需求	
2	云台变焦摄像头	采用高清变焦摄像头，像素≥200 万	
		支持 40 倍变焦功能（至少 30 倍光学变焦），支持电动变焦、一键聚焦功能	
		最低照度 0.001lx/F1.0	
		支持自动聚焦功能，支持场景定焦功能	
3	通道摄像头	前视镜头应支持手动调节，垂直方向支持±30°手动调节	
		通道摄像头应包含高清摄像头和夜视两个摄像头，用于对输电线路通道进行 24 小时定向监拍	
		高清摄像头，采用工业级高清摄像头，像素≥1600 万，可按现场需求设置	
		夜视镜头采用星光级低照度摄像头，镜头像素不低于 200 万，最低照度 0.001lx/F1.0	
4	下视摄像头	下视镜头用于对塔基及通道两侧环境进行监控,镜头应采用广角摄像头，镜头像素不低于 1600 万，以便视角能够全面覆盖塔基	
5	图像功能	支持透雾功能，支持 3D 降噪功能	
		支持对亮度、对比度、饱和度、锐度等参数设置	
6	云台要求	预置位数量≥256，水平旋转角度 360°，俯仰角度±90°，支持预置位巡航模式，支持智能雨刮，可远程控制雨刷动作。支持数字防抖功能、背光补偿功能、高光抑制功能	
7	预置位巡航	支持远程设置、调用 HOME 点，支持 HOME 点定时自动拍照上传	
		支持远程变倍、调焦、一键聚焦	
		支持远程设置多个预置位，支持多个预置位巡航拍照	
8	数据采集/存储	应具备对通道状况等对象的图像、视频采集功能	
		云台变焦摄像头应支持实时视频浏览	
		视频码流应支持 H.264 和 H.265	
		半小时采集一张图片和一天 24 小时不间断录像工作模式下，应循环存储至少 30 天图像及 7×24 小时视频存储。存储空间不应小于 128GB，支持 TF 卡扩容	

序号	参数名称	项目需求值或表述	备注
9	数据传输	支持 2G/3G/4G 无线传输，满足电信、联通、移动自适应，并可根据现场情况选择运营商	
		支持信号强度检测，应支持 APN 数据传输、具备断点续传功能	
		应具备传输存储的历史数据信息的功能	
		应具备远程控制数据开启和关闭功能	
		应具备身份认证和远程程序更新功能，并具备可靠的更新机制与方式	
		应具备远程查询/设置、数据请求、复位等指令的功能、具有失电数据保护功能	
		根据用户需要接入指定平台系统实现数据通信	
		支持整机分项独立传感器接入模式	
10	工作模式	应具备自动和手动采集方式	
		手动模式支持平台侧、微信/App 下发指令，抓拍图像或录制短视频（时长不低于 10s）	
		具备录像功能，支持自定义设置录像时长	
		自动模式支持定时拍照，采集间隔默认 30 分钟，且采样时间段可自由设置，最短拍照间隔可设置为 1min	
11	定位功能	支持 GPS/北斗定位	
12	状态管理	应具备对监控装置的运行状态的监控、管理与存储功能	
		应具备自检与故障诊断功能，并把诊断信息上传指定平台	
		应具备远程重启功能	
		能够将信号强度、工作温度、电池电量等状态信息上传指定平台	
		在不拆机的情况下能进行检查和调试	
13	防护等级	防护等级：不低于 IP67	
14	设备质量	主机质量≤5kg（不含太阳能板和支架）	
15	整机设计使用寿命	不少于 8 年	

序号	参数名称	项目需求值或表述	备注
16	外观结构	监控装置的外观应整洁，外壳表面应光洁、平整，应无明显凹痕、划伤、裂缝和变形等缺陷	
		监控装置外壳表明应有防腐蚀措施，表面涂镀层应均匀，无气泡，龟裂、脱落和磨损等现象	
		材质金属部件应采用耐腐蚀材料，非金属部件应采用耐老化材料	
		标志、铭牌、文字及符号应简明清晰	
		各零部件应禁锢无松动，金属零部件应无锈蚀及其他机械损伤	
17	供电方式	太阳能板＋蓄电池供电，不需要外部电源	
18	电池容量	蓄电池应采用磷酸铁锂电池，电池容量≥12V/100Ah	
19	太阳能电池板	太阳能电池板总功率≥180W，单块太阳能板尺寸不应超过1100mm×700mm	
20	蓄电池管理功能	在每半小时采集一张图片工作模式下，电池单次充满连续供电不应小于30天	
		应具备蓄电池自动浮充电能、过压保护、欠压保护、过流保护等管理功能，并具备温度变化自动调整充电电压功能	
		应具备电量与负载分级管理功能，根据当前蓄电池电量、功耗等，按重要性分级切断负载，并具备调整监控装置工作模式功能	
		应具备对蓄电池电量、电池电压、充电电压、工作温度等供电电源状态进行检测并上传的功能	
21	安装支架	材质采用金属耐腐蚀材料，安装支架可调整，能适应角钢塔、水泥杆、钢管杆（塔）等不同类型的杆塔	
22	安装位置	可安装在中相线路下方铁塔上或其他位置	
		监拍装置的现场安装不能影响输电线路的运行安全	
		监拍装置安装应整齐、牢固，安装方式、位置不能影响正常检修维护，不能破坏原有塔材及镀锌层	
		安装时可水平方向360°可调、俯仰方向120°可调	
23	扩展接口	预留扩展接口。支持微气象、杆塔倾斜、红外测温、激光雷达等扩展模块接入。支持后期扩展至少1路摄像机接入	

序号	参数名称	项目需求值或表述		备注
24	声光告警功能	威慑范围：在 1m 处声音强度不应低于 75dB，告警灯光可视范围不低于 200m		
		开启方式：应具备自动和受控方式发出与关闭语音、声光等告警信号功能		
		告警内容：应具备远程自定义告警语音内容的功能，宜具备远程实时喊话功能		
25	红外测温功能	热像功能：红外双光谱镜头用于对输电线路通道及周边火点进行监测，支持红外测温功能，温度异常告警		
		热成像镜头参数：分辨率不低于 256×192		
		探测距离：温度探测距离不低于 30m		
		识别范围：温度识别最大可支持 120℃，识别相对精度≤±2℃		
		双光联动：支持热成像与可见光联动功能		

（二）设备功能

设备功能见表 3-13。

表 3-13　　　　　　　输电线路视频在线监测装置设备功能

序号	功能	招标人要求
1	输电线路通道场景监测	对输电线路通道场景进行周期性监拍并将拍摄图片回传
2	输电线路通道隐患分析	基于设备周期性监拍的工作模式，实现输电线路通道隐患类别的分析，及时发现告警隐患
3	输电线路通道隐患告警	输电通道中出现隐患后，分析当前场景隐患类型并将隐患告警图片及信息回传至用户指定平台系统

（三）使用条件

使用条件见表 3-14。

表 3-14　　　　　　　输电线路视频在线监测装置使用条件

序号	项目	内容
1	工作温度（℃）	−25～+70（工业级）
2	工作相对湿度	1%RH～100%RH
3	大气压力（Pa）	6650～133000（50～1000mmHg）

序号	项目	内容
4	海拔（m）	≤3000
5	安装地点	户外输电杆塔上
6	最大风速（m/s）	≤45（离地 10m 高 10min 平均风速）

六、覆冰监测装置

（一）引用标准

引用标准见表 3－15。

表 3－15　　　　　　　　　覆冰监测装置引用标准

序号	标准号	标准名称
1	GB/T 191	包装储运图示标志
2	GB/T 2887	电子计算机场地通用规范
3	GB/T 4208	外壳防护等级（IP 代码）
4	GB 11463	电子测量仪器可靠性试验
5	GB 50198	民用闭路监视电视系统工程技术规范
6	GB 50395	视频安防监控系统工程设计规范
7	GB 50545	110kV～750kV 架空输电线路设计规范
8	GB/T 2423.1	电工电子产品环境试验　第 2 部分：试验方法试验 A：低温
9	GB/T 2423.2	电工电子产品环境试验　第 2 部分：试验方法试验 A：高温
10	GB/T 2423.4	电工电子产品基本环境试验规程试验 Db：交变湿热试验方法
11	GB/T 2423.10	电工电子产品环境试验　第 2 部分：试验方法试验 Fc 和导则：振动（正弦）
12	GB/T 3482	电子设备雷击试验方法
13	GB/T 6587	电子测量仪器通用规范
14	GB/T 6587.7	电子测量仪器基本安全试验
15	GB/T 6593	电子测量仪器质量检验规则
16	GB/T 14436	工业产品保证文件总则
17	GB/T 16611	数传电台通用规范

序号	标准号	标准名称
18	GB/T 16927.1	高电压试验技术第一部分：一般试验要求
19	GB/T 17626.2	电磁兼容试验和测量技术静电放电抗扰度试验
20	GB/T 17626.3	电磁兼容试验和测量技术射频电磁场辐射抗扰度试验
21	GB/T 17626.8	电磁兼容试验和测量技术工频磁场抗扰度试验
22	GB/T 17626.9	电磁兼容试验和测量技术脉冲磁场抗扰度试验
23	YD/T 799	通信用阀控式密封铅酸蓄电池技术要求和检验方法
24	GA/T 70	中华人民共和国公共安全行业标准
25	GA/T 75	安全防范工程程序与要求
26	GA/T 367	视频安防监控系统技术要求
27	DL/T 741	架空送电线路运行规程
28	DL/T 5092	110kV～500kV 架空送电线路设计技术规程
29	QJ/T 815.2	产品公路运输加速模拟试验方法
30	Q/GDW242	输电线路状态监测装置通用技术规范
31	Q/GDW 561	输变电设备状态监测系统技术导则
32	Q/GDW 560	输电线路图像/视频监控装置技术规范
33	DL/T 283.1	电力视频监控系统及接口　第 1 部分：技术要求
34	DL/T 283.2	电力视频监控系统及接口　第 2 部分：测试方法
35	Q/GDW 517.1	电网视频监控系统及接口　第 1 部分：技术要求
36	Q/GDW 517.2	电网视频监控系统及接口　第 2 部分：测试方法
37	IEC 61215－2：2016	Terrestrial photovoltaic（PV） modules–Design qualification and type approval-Part 2: Test procedures
38	T/CEC 288—2019	光伏发电系统背接触晶体硅光伏组件技术要求
39	Q/GDW 1554	输电线路等值覆冰厚度监测装置技术规范
40		浙江电网输电线路在线监测装置应用层数据传输规约（试行）

（二）使用环境要求

使用环境要求见表 3－16。

表 3-16　　　　　　　　　覆冰监测装置使用环境要求

序号	类别	单位	数值
1	环境温度	℃	-25~45
2	相对湿度	%RH	5~100
3	大气压力	kPa	50~106
4	海拔	m	<2000
5	最大风速	m/s	不低于设备本体抗风等级
6	最大覆冰厚度	mm	80

（三）主要性能

主要性能见表 3-17。

表 3-17　　　　　　　　　覆冰监测装置主要性能

序号	功能项	功能描述
1	基本技术要求	1）应有防雨、防潮、防尘、防腐蚀措施。 2）外壳的防护性能应符合 GB/T 4208 规定的 IP66 级要求。 3）电源应有可靠的保护措施，应避免因电源故障对杆塔造成损伤。 4）各零部件应按 JB/T 5750 的有关规定进行防盐雾、防潮湿、防霉菌的处理
2	供电要求	1）供电系统包括太阳能电池板、磷酸铁锂电池及电源控制器三部分，电源系统具有过压保护、防过充等功能，电池组标称容量不小于 90Ah。 2）磷酸铁锂电池使用寿命：≥5 年；应根据负载用电量进行太阳能电池板与蓄电池容量匹配优化设计，其蓄电池单独供电时间应不少于 30 天。 3）太阳能电池板使用寿命：≥10 年
3	基本功能要求	1）可实时采集计算等值覆冰厚度、综合悬挂载荷、不均衡张力差、原始拉力值、风偏角、斜偏角等数据，遇到通信故障时进行相应存储，通信正常时将采集结果通过通信网络传输到主站。 2）具备数据合理性检查分析功能，对采集数据进行预处理，自动识别并剔除干扰数据。 3）具备等值覆冰厚度的数学模型，对综合载荷、悬垂绝缘子串横向偏斜角、顺向偏斜角等参数，通过数学模型进行计算分析，得出等值覆冰厚度。 4）具备自动采集功能，在覆冰季节，默认采集周期为 10min；在非覆冰季节，采集周期可自动延长或退出运行。 5）应具备判断是否进行覆冰计算的科学机制。 6）具备远程设置系统运行参数、报警参数、数据采集密度。 7）具备信息同步采集机制，保证各参数采集的同步性。 8）具备电源电压、工作温度等监测功能。 9）应将信号强度、工作温度、电池电压等状态信息上传。 10）具备 2 路 RJ45 接口，一路用于常规调试维护，另一路用于连接通信一体化设备。为无信号区域接入通信一体化设备做必要的预留，当需要接入通信一体化设备时不能变更任何主设备硬件，以增加设备使用灵活性。 11）具备 10 路 RS485 串口，以满足双回线路最大 8 路拉力和倾角数据接入，并留有全向感知接入能力。 12）可选 Wi-Fi、433M、470M 等无线接口，预留输电物联网接入节点功能及塔下调试维护能力

右上角：续表

序号	功能项	功能描述
4	数据采集要求	在没有人员操作的情况下，监测装置定时采集信息
5	边缘物联代理功能	1）具备边缘计算功能，支持对覆冰厚度等数据的智能计算； 2）宜具备物联通信功能，按需要可接入声光报警器、杆塔倾斜、导线测温、弧垂、舞动等模块
6	数据存储	应能循环存储至少 90 天的监测点处的拉力及覆冰数据
7	通信功能	通信接口和应用层数据传输规约应满足《浙江电网输电线路在线监测装置应用层数据传输规约（试行）》
8	硬件与软件	1）具备对装置自身工作状态包括采集、存储、处理、通信等的管理与自检测功能。 2）当判断装置出现运行故障时，能启动相应措施恢复装置的正常运行状态。 3）电源和信号插口采用防水航空插头，并采用了防误插设计
9	远程更新、配置与调试	1）应具备身份认证、远程更新程序的功能，具备完善的更新机制与方式。 2）应具备按远程指令修改采集频率、采样时间间隔、网络适配器地址等参数的能力。 3）应具备动态响应远程时间查询/设置、数据请求、复位等指令的能力

（四）主要技术参数

主要技术参数见表 3-18。

表 3-18　　　　　　　　　覆冰监测装置主要技术参数

项目	分项	主要技术指标要求	备注
硬件技术要求	工作温度（℃）	−40～＋70	
	环境温度（℃）	−25～＋45	
	大气压力（hPa）	500～1060	
	总功耗（W）	≤3	
	拉力传感器		
	传感器配置	拉力传感器的规格 7、10、16、21、32、42、55t 共 7 个等级，根据现场实际需要，定制相应形式和规格的拉力传感器	
	测量范围	0%FS～100%FS	
	准确度级别（FS）	0.2 级	
	回零误差（Z¢）	±0.1%FS	
	示值误差（d¢）	±0.2%FS	
	重复性（R¢）	±0.2%FS	
	滞后（H¢）	±0.3%FS	
	长期稳定性（S¢）	±0.2%FS	

续表

项目	分项	主要技术指标要求	备注
硬件技术要求	倾角传感器		
	测量范围（°）	$-70\sim +70$	
	准确度（°）	± 0.1（$-60\sim +60$ 时）；± 0.3（其他）	
	定时上传	按照设定的定时上传时间间隔上传数据	
	设备防护等级	IP66	
	采集周期	可设置最快 1 次/1min	
	采集时间段	00:00—23:59 可设置	
	传输协议	TCP 或者 UDP	
	通信协议	I1	
	设备存储容量	$\geqslant$8G	
	太阳能光伏组件（W）	总功率$\geqslant$70	
	蓄电池	磷酸铁锂电池，电池组标称容量不小于 12V/60Ah	
	主动召唤	设备支持定时和响应主站召测回传设备的状态信息、业务监测数据功能	
	数据整理功能	前端设备支持周期性的数据清理和清除	
	自检诊断	装置工作状态自检、诊断、管理、自恢复	
	配置更新	远程更新程序、查询/配置、远程调试、复位	
	边缘物联代理功能	1）具备边缘计算功能，支持对覆冰厚度等数据的智能计算；2）宜具备物联通信功能，按需要可接入声光报警器、杆塔倾斜、导线测温、弧垂、舞动等模块	
	专网模式	4G/5G 模块支持 APN 专网接入，实现专网安全传输	
	平台接入	需接入国网浙江省电力有限公司输电全景平台	
	通讯方式	前端设备支持全网通 4G/5G 通信网络。当从一个运营商切换到另一个运营商时硬件无须更换和升级	
质保期	质保期	设备的免费质保期不低于 5 年	
可靠性	可靠性（平均无故障工作时间（h）	MTBF 应不低于 25000	
	年均数据缺失率	应不大于 1%	
	使用寿命（年）	$\geqslant$8	
	电磁兼容	应具有良好的抗工频电磁干扰性能，能实现在特高压电磁环境中正常工作，满足电磁兼容四级要求	

七、电缆环流监测

（一）设备组成

1. 监控主机（monitoring station）

部署于变电站等处，实现对接地电流状态量的处理、分析和对信号采集单元的管控，并能与综合监测分析系统进行标准化通信的一种计算机设备。

2. 接地电流传感器（grounding current sensor）

用于测量电缆本体金属套引出线上接地电流的互感器，其测量频率范围一般介于 45～55Hz。

3. 监测系统（monitoring system）

能够接入高压交流电缆的接地电流在线监测信息，并进行集中监测、处理、分析、展示和应用的一种系统。

4. 高压交流电缆（high voltage AC power cable）

由 110（66）kV 及以上的交流电力电缆本体、电缆附件及接地箱、交叉接地箱等附属设备所组成的系统。

5. 综合监测分析系统（comprehensive monitoring and analysis system）

能够接入高压交流电缆的接地电流在线监测信息，并进行集中存储、处理、分析、展示和应用的一种计算机主站系统

6. 接地箱（cross−bonding）

用于在长电缆线路中，为降低电缆护层感应电压，依次将一相绝缘接头一侧的金属套和另一侧相绝缘接头另一侧的金属套相互连接后再集中分段接地的一种密封装置。

（二）技术要求

1. 技术参数

（1）工作环境。

工作温度：−25～+40℃；

相对湿度：≤95%RH；

最大风速：≤35m/s；

海拔：＜1000m；

其他条件：使用地点不得有爆炸危险介质、强腐蚀及振动。

（2）运行条件。

1）常规电源：

a. 光伏供电方式；

b. 互感器供电方式；

c. 交流 220V/50Hz 供电方式。

2）备用电源：蓄电池 12V DC/36Ah。

（3）性能参数。

接地电流监测范围：0～500A；

接地电流测量精度：0.5 级；

接地电压监测范围：0～400V；

接地电压测量精度：0.2 级；

本地存储容量：≥200 条；

平均无故障时间：>50000h。

2. 基本构成

由接地箱箱体、接地组件、监控主机、光伏取电装置、接地电流传感器、储能供电装置组成。

3. 外观与结构

接地箱的外表面应光洁、平整，无凹痕、划伤、裂缝、变形等缺陷，表面的涂覆层均匀光洁，不起泡、不龟裂、不脱落。

接地箱外观尺寸应符合表 3-19 要求。

表 3-19　　110kV 智能综合接地箱（箱体及环流监测）外观尺寸

产品型号	电压等级（kV）	外观尺寸（长×高×深，mm）
主箱体	35 及以上	1250×620×1400

接地箱外壳防护等级不应低于 GB/T 4208 中 IP65 的规定。

4. 模块要求

（1）环流数据监测模块。接地箱电流采集模块应能够实时监测电力电缆金属护层接地电流参数，为监控系统护层接地电流数据处理提供满足精度要求的数据信息，电流测量综合误差应满足 0.5 级要求。

（2）护层感应电压监测模块。接地箱电压采集模块应能够实时监测电力电缆金属护层感应电压参数，为监控系统护层感应电压数据处理提供满足精度要求的数据信息，电压测量综合误差应满足 0.2 级要求。

（3）前端数据处理模块。接地箱应具备前端监测数据的本地存储和查询模块，可通过箱体内部工业 LED 触摸屏查看实时监测数据，显示运行状态。方便用户运维、检修时快速查看实时数据，提高运维水平，减少检测时间。

5. 性能要求

（1）耐压性能要求：

1）直流电压试验按 GB/T 16927—2011 第 5 章规定进行，接地箱各相之间及各相对地之间应能耐受 DC25kV/1min 不发生击穿或闪络；

2）雷电冲击电压试验按 GB/T 16927—2011 第 7 章规定进行，接地箱各相之间及各相对地之间应能耐受 40kV/正负极性各 10 次冲击电压而不发生击穿或闪络。

（2）绝缘电阻要求：接地箱接地组件各相对地绝缘电阻应不小于 200MΩ。

（3）湿热试验要求：按 GB/T 2423.3—2006 中试验 Cab 规定的方法进行试验，接地箱在温度+40℃、相对湿度 93%RH 的试验环境中持续 48h，试验中和试验后应能正常工作，试验后 5min 内绝缘电阻不小于 1MΩ。

（4）燃烧试验要求：接地箱非金属材料结构件的燃烧试验按 GB/T 5169.7—2001 中第 4 条的规定进行。

（5）物理机械性能要求：箱体顶端表面应能承受不小于 1000N 的垂直压力，箱门打开后，在门的最外端应能承受不小于 200N 的垂直压力。卸去荷载后，箱体无破坏裂痕和永久变形。当有光纤引入时，光纤固定后应能承受不小于 1000N 的轴向拉力。经拉伸、扭转试验后检查光纤固定处，光纤应无任何松动、破坏现象。

（6）耐高温要求：按 GB/T 2423.2—2008 中试验 B 规定的方法进行试验，接地箱在温度+55℃的试验环境中持续 2h 应能正常工作。

（7）耐低温要求：按 GB/T 2423.1—2008 中试验 A 规定的方法进行试验，接地箱在温度−25℃的试验环境中持续 2h 应能正常工作。

6. 电磁兼容要求

（1）静电放电抗扰度：满足 GB/T 17626.2—2006 中表 1 规定的接触放电、空气放电的要求。

（2）射频电磁场辐射抗扰度：满足 GB/T 17626.3—2016 中表 1 规定的要求。

（3）电快速瞬变脉冲群抗扰度：满足 GB/T 17626.4—2008 中表 1 规定的要求。

（4）浪涌（冲击）抗扰度：按 GB/T 17626.5—2008 中附录 A 进行试验等级选择，线—线、相—地满足 GB/T 17626.5—2008 中表 1 规定的要求。

（5）射频场感应的传导骚扰抗扰度：满足 GB/T 17626.6—2008 中表 1 规定的要求。

（6）工频磁场抗扰度：稳定持续磁场试验满足 GB/T 17626.8—2006 中表 1 规定的要求；短时作用磁场试验满足 GB/T 17626.8—2006 中表 2 规定的要求。

（7）脉冲磁场抗扰度：满足 GB/T 17626.9—1998 中表 1 规定的要求。

（8）阻尼振荡磁场抗扰度：满足 GB/T 17626.10—1998 中表 1 规定的要求。

（9）电压暂降、短时中断和电压变化抗扰度：满足 GB/T 17626.11—2008 中的规定。

第二节 高集成移动巡检装置

高集成移动巡检装置集成可见光、红外、测距、夜视仪等多种传统巡检设备为一体，通过多功能模块融合，减少架设全站仪的工作量，还可以上传发热缺陷数据，从而实现一机多能、多场景通用，大大提高人工巡检效率。

一、技术参数

（一）高集成移动巡检装置技术参数与使用环境条件

1. 高集成移动巡检装置技术参数

高集成移动巡检装置技术参数见表 3-20。

表 3-20 高集成移动巡检装置技术参数

序号	参数名称	单位	标准参数值
1	总体功能要求	—	设备功能应包括但不限于望远、拍照、摄像、激光测距、红外测温、可见光－红外双光融合显示、姿态感知功能
2	*最大光学变焦倍数	倍	≥30
3	望远自动聚焦功能	—	具备
4	望远防抖功能	—	具备
5	拍照分辨率	万像素	≤1300
6	摄像帧率	fps	≥30
7	激光测距距离	m	≥1000
8	*激光测距精度	m	≤±0.2（100m 内）
9	激光自动校正	—	具备不同倍率下自动校正激光测距标点功能
10	激光测距功能	—	具备自动计算出任意间斜距、垂距、平距及角度功能
11	*红外测温距离	m	≥100
12	*红外测温精度	℃	≤±1
13	红外测温范围	℃	0～+100
14	红外成像分辨率	像素	≥640×512
15	红外显示标注	—	实时显示观测区域内最高温度、最低温度信息
16	红外最大标注点数	—	8
17	可见光－红外双光融合观测半径	m	≥100
18	夜视灵敏度	lx	彩色：0.01（1/30s，77.7dB 下） 彩色：0.001（1/1s，77.7dB 下）
19	夜视图像分辨率	—	≥1080p/30fps
20	图像叠加显示	—	支持可见光/夜视，可见光/红外，可见光/激光测距图像叠加功能
21	姿态感知功能	—	内置多轴加速度传感器、角度传感器、温度传感器、光线传感器
22	传感器俯仰角精度	°	≤±0.2
23	传感器航向角精度	°	≤±0.8
24	空间定位误差	m	≤2.5

序号	参数名称	单位	标准参数值
25	边缘计算能力	—	具备
26	标准化巡检报告	—	具备标准化巡检报告自主生成功能
27	目镜显示分辨率	像素	≥1920×1080
28	显示屏分辨率	像素	≥1920×1080
29	目镜展示功能		目镜中应实时显示所需画面，并在画面中标注关注区域温度信息、GPS 定位信息、距离信息、电池电量、各功能模块运行状态信息等
30	通信方式	—	支持全网通 3G/4G/Wi-Fi
31	高速传输接口	—	USB 3.0
32	防护等级	—	≥IP56
33	工作温度	℃	−30～+55
34	电池容量	mAh	≥8000
35	连续工作时间	h	≥5
36	*质量	kg	≤2.5
37	语音操作/注释	—	支持

2. 使用环境条件

使用环境条件见表 3-21。

表 3-21　　　　高集成移动巡检装置使用环境条件表

序号	名称	单位	要求值
1	环境温度	℃	−30～55
2	环境相对湿度	%	0～90
3	存放环境温度	℃	−40～+75
4	存放环境相对湿度	%	0～90

（二）外观和结构要求

（1）产品外壳应具有足够的机械强度，无凹痕、划伤、变形、缺损和开裂。零部件整体和元器件装配位置要牢固，并实现可靠的机械和电气连接，晃动应无异常响动。

（2）产品及其各种配件不应出现明显的划伤、凹陷、变形、脱漆，壳体应清洁无污迹，装饰件文字、数字、符号标志应正确、易辨、清晰，颜色应无异常色斑、色晕、色点，图案文字丝印精细。

（3）各操作键应灵活可靠，无卡死或接触不良的现象。

（4）设备标志。产品上应有铭牌，铭牌上应有下列标志：

1）厂名、厂址；

2）产品的名称、型号；

3）制造日期；

4）出厂编号。

第三节　架空输电线路数字孪生

基于数字孪生技术，构建以基础端、数据互动层、模型构建层和仿真分析层、应用端的数字孪生输电线路应用，综合考虑输电线路不同监测参量对数据传输、响应时间等差异化需求，依托"空天地"协同立体巡检体系设计，建立云边端协同感知技术框架，如图3-1所示。通过数学模型、力学模型、塔线体系模型算法进行仿真推演，叠加前端在线监测装置、无人机巡检等实时信息，实现物理电网与数字电网的同步运行，线路状态实时感知与智能诊断，逐级深化，迭代提升，形成需求带动创新、智能服务基层的智能自主分析模式。

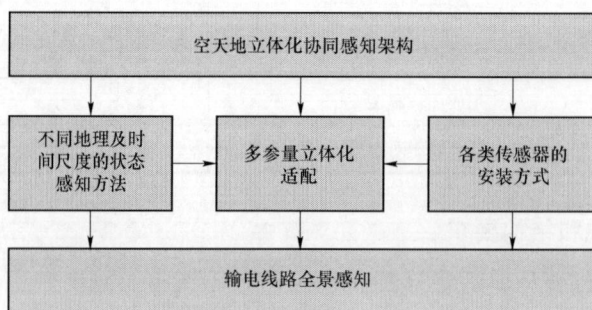

图3-1　数字孪生云边端协同感知技术框架

　　基于输电线路数字孪生应用，融合 GIS＋CAE＋物联网技术，集成气象地理、历史运维、多源监测等数据，依托数据驱动与动态仿真相融合的设备状态在线评估技术，实现输电线路运行和健康状态的实时仿真评估。建立架空输电线路数字孪生平台，通过构建全方位、高精度的数字孪生输电模型，还原线路本体、设备、地形、通道信息，叠加在线监测装置信息、无人机巡检等实时信息，实时感知输电线路本体设备和外部通道环境变化，实现设备全生命周期管理。平台具备对线路通道环境评估和本体性态评价、对台风等自然灾害精准预判及灾后反演、无人机巡检作业模拟及带电作业数字化安全评估等功能，通过数字孪生输电线路建设，实现输电专业数字化牵引水平全面提升。2022 年，国网嘉兴供电公司依托数字孪生平台对台风"轩岚诺"及"梅花"来临进行精准预判，累计识别隐患 12 处，以数智化手段保障台风期间输电线路安全运行。同时，平台带电作业数字化安全评估已实现对跨二短三、小飞侠、荡入法等多种带电作业方式的仿真模拟，并进行安全评估，形成评估报告，有效辅助现场带电作业的开展。2022 年首次运用"数字孪生＋无人机＋小飞侠"成功开展密集通道带电作业，全面提升带电作业数字化与智能化水平。

　　架空输电线路数字孪生主要建设内容如图 3－2 所示。

　　架空输电线路数字孪生借助数字化建模工具构建相应的物理"孪生体"，复刻物理世界中的输电线路基础构造［主要包含杆塔、绝缘子串、金具、附属设备（间隔棒、防振锤）等］，并通过对实物本体生命周期的基本信息和真实环境信息、三维地理信息和 IoT 物联网设备监测信息等各种真实数据和孪生体之间的数据双向绑定与流动的融合（本体向孪生体输出数据，孪生体也向本体反馈信息），借助新一代信息化技术实现对数字孪生体模型、数学模型、分析模型和各类数据信息的组合、拼装、分析、仿真、推演，应用可视化展示技术实现这一过程的真实还原可视，完成对物理世界输电线路的线路生命周期、线路实况仿真与反演及五大应用场景数字孪生与可视化等输电线路整个生命周期的数字孪生。

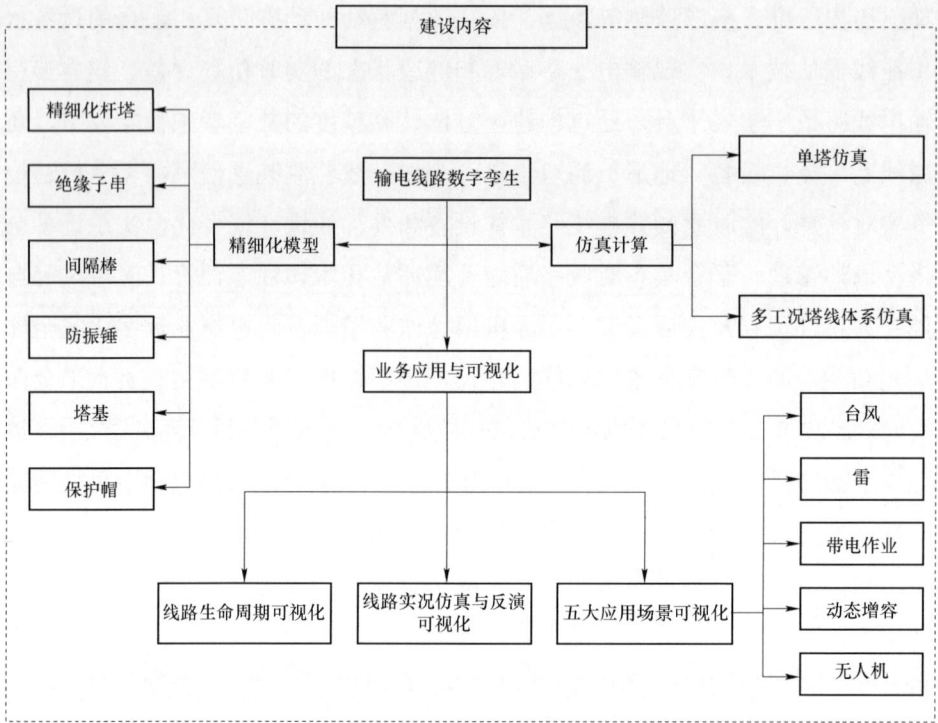

图 3-2 架空输电线路数字孪生主要建设内容

一、建设目标

通过对人、设备、事件等所有要素数字化，在信息空间上构建线路的虚拟映像，形成物理维度上的实体世界和信息维度上的数字世界同生共存、虚实交融的格局，实现输电线路"态势有洞察、决策有支撑、处置有闭环"的设备管理新形态，全力支撑状态感知、全景监控的新一代输电线路建设和运维。

（1）通过虚实互动，持续迭代，实现输电线路全生命周期动态管理，形成虚实结合、孪生互动的设备管理新形态。

（2）基于动态仿真、科学评估，支撑设备状态检修从"被动定期"向"主动精准"转变，保安全、促发展，提质增效。

（3）借助更泛在、普惠的感知，更快速的网络，更智能的计算，推动输电线路数字化转型和智能化升级。

综合考虑当前数字孪生电网的整体需求及数字孪生、传感器设备的应用现状，架空输电线路数字孪生平台以虚拟的数字电网模型及电网线路、环境、杆塔、地质监测设备等实体设备为核心，以高性能计算、展示、数据传输方法为手段，担负起与电网建设、运行、抢修、模拟分析相关的展示、模拟、计算、调度、管理等工作，最终实现对电网的全生命周期管控。

二、总体架构设计

（一）设计思路

架空输电线路数字孪生应用整体设计思路，以实现架空输电线路智能化运维为目标，实现架空输电线路在投运、极端气象工况下的隐患自动预警、线路实况同步、仿真模拟等功能，具体包含：在台风天气下的预警、雷雨等极端天气下预警、带电作业、动态增容、无人机应用等五大典型应用场景。

主要技术设计思路采用了数字孪生的技术手段，总体架构设计包括基础设施层、架空输电线路数据库层、支撑服务层和架空输电线路数字孪生应用层。其中基础设施层包含存储服务器、三维可视化设施、网络基础设施、负载均衡、云计算服务器、IoT 监测设备、数据采集设施等；架空输电线路数据库包括各类专题数据子库及底层数据库管理模块等内容；服务支撑层采用微服务架构，运用了包括 SpringBoot＋Mybatis 提供相关数据流转、仿真计算等服务，运用三维可视化引擎等技术将杆塔、防振锤、间隔棒等精细模型、仿真模型等三维模型进行可视化呈现；应用层包含架空输电线路智能化运维的建设内容。

整个系统遵循 restful 标准，采用前后端分离技术（前端：Vue.js、后端：java）、关系型数据库等技术或标准，实现以关系型数据库为存储介质，最终以三维地理信息、三维模型、Vue.js、前后端分离等技术为手段，可视化呈现与展示了架空输电线路数字孪生的实现。

（二）设计原则及规范

业务应用典型设计以"面向未来、国网特色"为总体原则。面向未来是指典型设计方案基于五个"一体化"设计成果进行设计，以指导未来业务应用系统建设。国网特色是指典型设计方案优先选用国网自主知识产权的平台、软件和组件进行设计，形成良性循环，体现公司信息化特色。具体原则如下：

1. 架构前瞻性

结合五个"一体化"设计成果，按照"面向未来"的要求进行业务应用系统的架构设计，遵循公司信息化发展的规划和客观规律。

2. 建设继承性

充分继承公司现有信息化建设成果，借鉴各部门、省（市）公司、直属单位的信息化建设经验，综合考虑技术的先进性和实用性。

3. 技术先进性

适当采用符合国际发展趋势的先进技术，保证系统具有较长生命力和扩展能力，同时保证技术的稳定性、安全性。

4. 设计规范性

遵循 SG–ERP 架构要求、五个"一体化"设计成果要求和 SG–CIM 数据建模要求，规范公司平台组件的使用方法，推荐相对统一的技术路线和设计方案。

5. 安全符合性

软件系统应遵循国家电网公司应用软件系统通用安全要求，移动 App 应遵循国家电网公司移动应用软件安全技术要求，软件代码安全应遵循信息系统应用安全代码安全检测要求。

6. 版本规范性

版本管理应遵循国家电网公司信息系统测试与版本管理细则相关要求。

（三）关键技术使用说明

1. 数字孪生技术

数字孪生是指数字化映射，为物理世界植入"数字基因"，在数字世界中构建一个和实体一模一样的模型，实现对现实物理实体的了解、分析和优化，对物理空间进行描述、诊断、预测、决策，解决物理世界和数字世界的智能化互联互通，实现全生命周期的双向动态交互。

数字孪生平台建设所需要的全过程数据在数据层进行数据导入、数据集成、数据治理实现数据的标准化成果入库工作，不同类型的数据根据数据的结构特点存入到相应类型的数据库中，包括关系型数据库、分布式文件存储系统、模型文件系统、对象存储服务等；同时数据层还提供数据计算组件，将数据进行挖掘、分析、可视化构建等复杂计算成果的输出，并将计算结果在虚拟现实引擎和 3D GIS 引擎的支撑下实现数据的前端可视化，如图 3-3 所示。

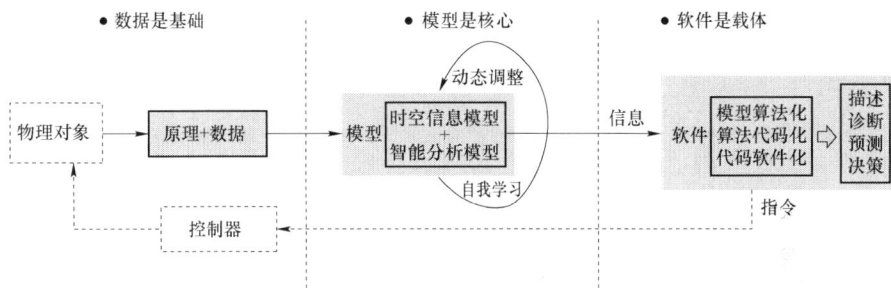

图 3-3　数字孪生技术主线

架空输电线路数字孪生的本质是输电线路数据闭环赋能体系，通过数据全域标识、状态精确感知、数据实时分析、模型科学决策、智能精准执行，实现输电线路运行和维护的模拟、监控、诊断、预测和控制，解决输电线路规划、设计、建设、管理、服务闭环过程中的复杂性和不确定性问题，全面提高输电线路物质资源、智力资源、信息资源配置效率和运转状态。

架空线路输电线路数字孪生是基于多技术门类的集成创新，通过新型测绘技术可快速采集地理信息进行电力设施设备及输电线路的建模，标识感知技术实现实时"读写"真实输电线路，协同计算技术高效处理电路运维产生的海量运行数据，全要素数字表达技术精准"描绘"输电线路的前世今生，模拟仿真技术助力在数字空间刻画和推演输电线路运行态势，深度学习技术使得输电线路数字孪生系统具备自我学习智慧生长能力。

2. Vue 技术

Vue.js 是一个构建数据驱动的 Web 界面的渐进式框架。Vue.js 的目标是通过尽可能简单的 API 实现响应的数据绑定和组合的视图组件。它不仅易于上手，还便于与第三方库或既有项目整合。

当与单文件组件和 Vue 生态系统支持的库结合使用时，Vue 完全能够为复杂的单页应用程序提供驱动。

Vue.js 自身不是一个全能框架，它只聚焦于视图层。因此它非常容易学习，非常容易与其他库或已有项目整合。在与相关工具和支持库一起使用时，Vue.js 也能完美地驱动复杂的单页应用。

3. RESTful 标准化接口

REST 指的是一组架构约束条件和原则。满足这些约束条件和原则的应用程序或设计就是 RESTful。

Web 应用程序最重要的 REST 原则是，客户端和服务器之间的交互在请求之间是无状态的，从客户端到服务器的每个请求都必须包含请求所必需的信息。如果服务器在请求之间的任何时间点重启，客户端不会得到通知。此外，无状态请求可以由任何可用服务器回答，这十分适合云计算之类的环境。客户端可以缓存数据以改进性能。

在服务器端，应用程序状态和功能可以分为各种资源。资源是一个概念实体，它向客户端公开。资源的例子有应用程序对象、数据库记录、算法等等。每个资源都使用 URI（Universal Resource Identifier）得到一个唯一的地址。所有资源都共享统一的接口，以便在客户端和服务器之间传输状态。使用的是标准的 HTTP 方法，如 GET、PUT、POST 和 DELETE。

另一个重要的 REST 原则是分层系统，这表示组件无法了解它与之交互的中间层以外的组件。通过将系统知识限制在单个层，可以限制整个系统的复杂性，促进底层的独立性。

当 REST 架构的约束条件作为一个整体应用时，将生成一个可以扩展到大量客户端的应用程序。它还降低了客户端和服务器之间的交互延迟。统一界面简化了整个系统架构，改进了子系统之间交互的可见性。REST 简化了客户端和服务器的实现。

4. 符合 W3C 标准

万维网联盟（外语缩写为 W3C）创建于 1994 年，是 Web 技术领域最具权威和影响力的国际中立性技术标准机构。到目前为止，W3C 已发布了 200

多项影响深远的 Web 技术标准及实施指南，如广为业界采用的超文本标记语言（标准通用标记语言下的一个应用）、可扩展标记语言（标准通用标记语言下的一个子集）及帮助残障人士有效获得 Web 内容的信息无障碍指南（WCAG）等，有效促进了 Web 技术的互相兼容，对互联网技术的发展和应用起到了基础性和根本性的支撑作用。

万维网联盟标准不是某一个标准，而是一系列标准的集合。网页主要由结构（Structure）、表现（Presentation）和行为（Behavior）三部分组成。

对应的标准也分三方面：结构化标准语言主要包括 XHTML 和 XML，表现标准语言主要包括 CSS，行为标准主要包括对象模型（如 W3C DOM）、ECMAScript 等。这些标准大部分由 W3C 起草和发布，也有一些是其他标准组织制定的标准，如 ECMA（European Computer Manufacturers Association）的 ECMAScript 标准。

（1）结构标准语言编辑。

1）可扩展标记语言（标准通用标记语言下的一个子集，外语缩写为 XML）。现推荐遵循的是万维网联盟于 2000 年 10 月 6 日发布的 XML1.0。和 HTML 一样，XML 同样来源于标准通用标记语言，可扩展标记语言和标准通用标记语言都是能定义其他语言的语言。XML 最初设计的目的是弥补 HTML 的不足，以强大的扩展性满足网络信息发布的需要，后来逐渐用于网络数据的转换和描述。

2）可扩展超文本标记语言（外语缩写为 XHTML）。现推荐遵循的是万维网联盟于 2000 年 1 月 26 日推荐 XML1.0。XML 虽然数据转换能力强大，完全可以替代 HTML，但面对成千上万已有的站点，直接采用 XML 还为时过早。因此，可在 HTML4.0 的基础上，用 XML 的规则对其进行扩展，得到了 XHTML。简单地说，建立 XHTML 的目的就是实现 HTML 向 XML 的过渡。

（2）表现标准语言编辑。采用层叠样式表（外语缩写为 CSS），现推荐遵循的是万维网联盟于 1998 年 5 月 12 日推荐 CSS2，CSS3 已发布，主流浏览器正在逐渐支持，程序员也开始利用 CSS3 代替以往冗长的旧代码。万维网联盟创建 CSS 标准的目的是以 CSS 取代 HTML 表格式布局、帧和其他表现的语言。纯 CSS 布局与结构式 XHTML 相结合能帮助设计师分离外观与结构，使站点的访问及维护更加容易。

（3）行为标准编辑。

1）文档对象模型（Document Object Model，DOM）。根据 W3C DOM 规范，DOM 是一种与浏览器、平台、语言的接口，使得用户可以访问页面其他的标准组件。简单理解，DOM 解决了 Netscaped 的 Javascript 和 Microsoft 的 Jscript 之间的冲突，给予 Web 设计师和开发者一个标准的方法，让他们来访问他们站点中的数据、脚本和表现层对象。

2）ECMAScript。ECMAScript 是欧洲计算机制造商协会（European Computer Manufacturers Association，ECMA）制定的标准脚本语言（JAVAScript）。现推荐遵循的是 ECMAScript 262。

5. 前后端分离技术

前后端分离是一种架构模式，前端只需要做好人机交互界面、页面效果和数据交互，后端只需要做好各业务应用处理、数据处理和按照约定数据格式向前端提供可调用的 API 服务。前端通过统一身份认证平台进行授权认证，并通过向后端服务发送 HTTP 请求来进行数据的交互，后端针对每个 HTTP 请求都需要进行身份和权限的验证。后端服务采用微服务架构，针对不同业务可进行独立的集群部署，满足大规模的数据请求。API 服务的应用满足于多屏多端，而后端只需要进行一次编码。

6. 三维建模

三维建模是一种通过软件来实现三维模型建立的技术手段，通过对空间对象的三维模型建立，用户可以直接从三维概念和构思入手，通过模型实现分析与评价。随着"数字地球"和"数字城市"的提出，计算机技术和信息技术等高新技术的快速发展，三维仿真技术也得到推动，三维建模软件的功能也越来越强大，并在高技术的发展中越显其重要作用，能够应用在各个领域。

三维模型是三维 GIS 中不可或缺的要素之一，是构成三维场景的一大要素。三维建模工作极其烦琐、复杂，需要耗费大量的人力物力。目前流行的三维建模工具有很多，知名的有 3D Max、Soft Image、Sketch Up、

Maya、UG 及 Auto CAD 等等。以下采用 3D Max 软件来创建三维模型，在 3D Max 中建立的三维地物模型结构细致、纹理清晰，可以达到精确描述地物的目的。

3D Max 是一种可以精细建模的三维造型和动画软件。该软件建立三维模型的步骤是首先从 AutoCAD 中导入三维模型的轮廓线，然后利用提供的三维工具对轮廓线进行三维拉伸及对模型进行纹理贴加。若要使三维模型的外观表现更为精细逼真，可使用软件自带的光影工具生成各个角度的透视效果。它与同类动画设计软件相比有许多独特的特点，更为简便的动画效果制作，更为实用的材质贴图，以及丰富多样的模型拉伸功能和制作特技动画的功能。除此之外，还有各种高效、快捷、方便的建模方式与工具，提供了表面建模工具、多边形建模、放样、NURBS 等方便有效的建模方法，具有很好的特殊效果处理与渲染能力。除此之外，3D Max 具有丰富的多边形工具组件和坐标贴图的调节能力，具有可操作性强、直观、方便易学、建造的三维模型逼真、外观材质质感强等优点。

7. 杆塔导线体系风荷载仿真技术

输电杆塔是风敏感结构，杆塔风荷载的取值对输电铁塔结构的影响至关重要，其中包括杆塔塔身及横担风荷载和导地线风荷载两部分。该技术使用 OPENSEES，OSLite 及 Qt 等软件，可实时对接气象局提供的风速风向进行同步模拟仿真，甚至可根据台风天气预估路径提前模拟出杆塔抗风情况。

在 DL/T 5551—2018《架空输电线路荷载规范》中 0°、45°、60° 及 90° 的基本风速杆塔风荷载计算需要扩展到全角度任意风速风向的计算，才能满足目前对现实杆塔环境的模拟与仿真。同时引入全局坐标系中的杆塔方位角，得到全局坐标系风荷载分量，以此进行完整线路批量化计算。最后还实现了杆塔风荷载在杆塔顺导线方向的杆塔单元坐标系与全局坐标系中的互相转换，分别可满足有限元分析与批量化分析的情况。

全局坐标系可以将正北方向或正南方向作为基准，如图 3-4 所示。

输电线路中塔线体系导地线风荷载的计算使用 OPENSEES、OSLite 等软件，自动生成全局坐标系下 0°～360° 全角度风作用下的多塔型风荷载。输电线路塔线体系的设计及仿真试验逐渐朝着精细化方向发展，个别风向角度下的导地线风荷载无法满足工程实际需求，同时需要考虑线路转角与风向角的结合，如图 3-5 所示。因此，如何获取全角度风作用下的考虑多种塔型的导地线风荷载至关重要。

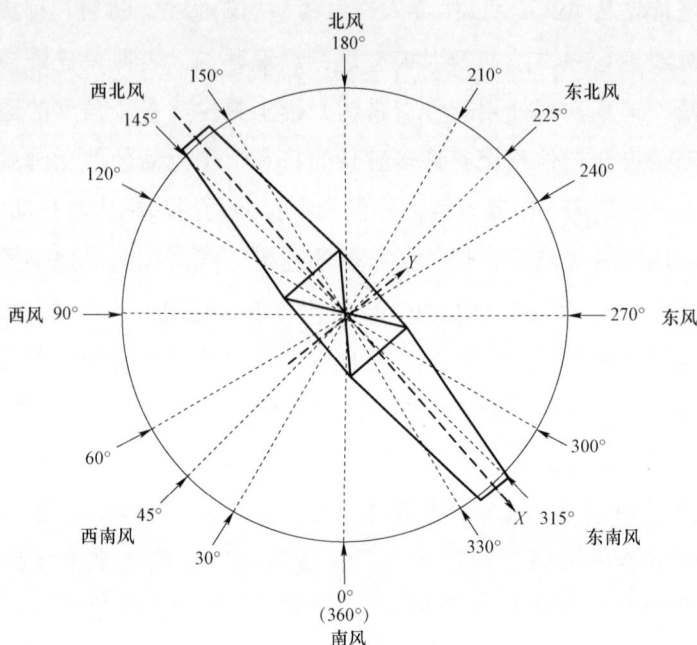

图 3-4　全局坐标系

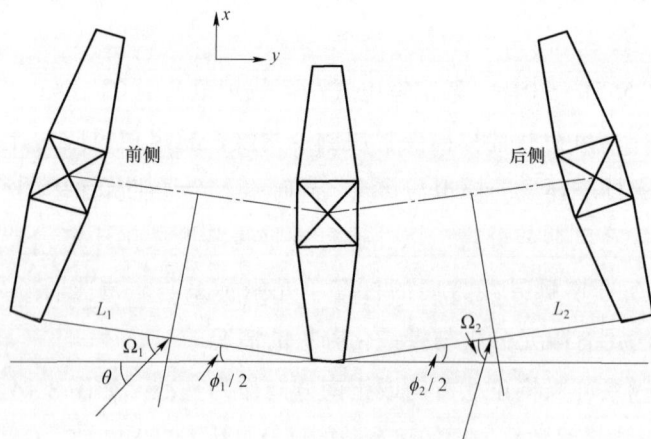

图 3-5　导地线风荷载的计算

98

首先，根据规范与公式推导得到 0°～360° 全角度风作用下的风荷载分配系数，以及垂直和顺导地线方向的风荷载。第二，考虑线路转角，得到全局坐标系下风与导地线的夹角，得出线路前侧和线路后侧全角度风作用下的风荷载计算方法。第三，将导地线的线条分成 n 个无限小的线条单元，利用线积分或近似简化计算得到整个线条的风荷载，自动生成整个塔线体系的导地线风荷载。

将塔身风荷载与导地线体系风荷载结合，生成整体杆塔导线体系风荷载的实时模拟仿真，接入气象局提供的风速风向后可开始同步孪生仿真出杆塔情况，如图 3-6 所示。

图 3-6　杆塔模拟仿真效果

（四）平台资源需求

平台资源需求见表 3-22。

表 3-22　　　　　　　　资 源 需 求 清 单

资源名称	规格	备注	与云平台部署要求偏差
ECS	数量：1 台 内存：16GB CPU：8 核 存储：200GB 操作系统：CentOS 7.5	仿真计算服务	满足云平台现有组件要求

续表

资源名称	规格	备注	与云平台部署要求偏差
应用服务	数量：1 台 内存：16GB CPU：4 核 存储：100GB 操作系统：CentOS 7.5 应用环境：JDK 8	应用服务	满足云平台现有组件要求
云数据库RDS	Mysql 5.7 CPU：4 核 内存：16GB 存储：500GB	应用数据库	满足云平台现有组件要求
云数据库Radis	存储：500GB	缓存数据库	满足云平台现有组件要求
对象存储OSS	存储：2TB	部署静态资源(如影像、地形、点云、倾斜摄影、精细化模型等数据)	满足云平台现有组件要求

（1）项目基本情况：嘉湖通道线路总长 1071.3km，运行杆塔为 2535 基，物理杆塔为 1875 基，线路数量为 6 条。

（2）ECS：作为仿真数据处理服务器，需要对大量仿真数据进行转换，1 条线路 1 个耐张段的 1 个工况的原始数据约 20MB，目前 6 条线路共约 300 个耐张段、23 个工况。6 条线路数据约为 $20M \times 300 \times 23 \approx 134GB$，数据量比较庞大，数据处理需要服务器具有较高的数据处理性能。

（3）应用服务器：用于部署架空输电线路数字孪生应用服务器。

（4）云数据库 RDS：作为应用数据库服务器使用，6 条输电线路基础数据、历年运行数据、监测数据及基于各类数据分析、预警成果统计和仿真计算数据存储每年预计 100GB，当前资源可支撑 5 年数据。

（5）云数据库 Redis：作为用户鉴权、提升系统性能、缓存热点数据使用的数据库服务器，将 5 大场景历史数据做数据缓存，每个场景历史数据约为 60GB，预计未来需要 $5 \times 60GB = 300GB$。

（6）对象存储 OSS：静态资源服务器，用于存储影像、地形、点云、倾斜摄影、精细化模型等数据。依据当前可预估静态资源数据存储需求，结合嘉湖通道场景预测未来数据大小为 1100GB，ECS 处理后的结果数据为 $134 \times 1.2 = 160GB$，预计未来需要 1260GB，如表 3-23 所示。

表 3-23　预估静态资源存储需求

序号	类型	名称	需要空间	描述	测算信息	单位量	测算大小（GB）	说明
1	总计	静态资源	约为288GB	现有数据占用空间大小	测算可能的增长或当前不能明确的数据		1110	
2	影像、地形	全国基础离线影像	2.41GB	影像精度: 20m 切片层级: 0~10级 范围: 全国			10	
3		嘉湖通道影像	22GB	影像精度: 0.5m 切片层级: 10~18级 范围: 大约为167km×55km		1km×1km-0.5m: 约为23.02MB 1km×1km-1m: 约为18.65MB 1km×1km-5m: 约为10.97MB 1km×1km-10m: 约为9.3MB	50	嘉湖通道约为167km×55km
4		嘉湖通道地形	787MB	切片层级: 0~16级 范围: 大约为167km×55km	当前地形高程数据和18级切片条件下	1km×1km: 约为0.2MB	2	嘉湖通道大约为167km×55km
5	点云	点云	239GB	范围: 大约为167km×55km 数据: 为当前的嘉湖通道的5条输电线路数据	1个6基杆塔的耐张段点云大小约为120MB, 嘉湖通道约为1857基杆塔	1基杆塔周边约为: 20MB	300	嘉湖通道约为1857基杆塔
6	倾斜摄影	倾斜摄影	3.05GB	安塘线#144~#149通道倾斜摄影: 大约38基杆塔	1基杆塔的倾斜摄影范围约为82MB, 嘉湖通道约为1857基杆塔	1基杆塔约为: 82MB	153	嘉湖通道约为1857基杆塔
7	精细模型	杆塔精细模型-安塘线复奏南线锦苏线	1.9GB	38基杆塔	现有数据中1基杆塔最小为7.4MB, 最大98MB每基; 现有数据中1个绝缘子串最小6.3MB, 最大82.9MB每个; 现有数据中1个金具最小为1.11MB, 最大为1.44MB每个	1基杆塔约为: 98MB 1个绝缘子串约为: 82.9MB 1个金具约为: 1.44MB	182	嘉湖通道约为1857基杆塔
8		其他系统精细模型	277MB	杉树、杨树、樟树、柱子、房屋、无人机			10	

续表

序号	类型	名称	需要空间	描述	测算信息	单位量	测算大小(GB)	说明
9	GIM	GIM	444MB	安塘线：173 基杆塔	现有数据中 1 基杆塔最小为 1.2MB，最大为 11MB 每基，故取 11MB 每基，通道内的 1857 杆塔的大小为 21GB；现有数据中 1 个绝缘子串最小为 7MB，最大为 20MB，故取 20M 每个，得出嘉湖通道内的 1857 杆塔的涉及绝缘子串为 38GB；现有数据中 1 个金具最小为 380kb 每个，故取 380kb 每个，得出嘉湖通道内的 1857 杆塔的金具为 742.8MB	1 基杆塔约为：11MB；1 个绝缘子串约为：20MB；1 个金具约为：380kb	60	嘉湖通道约为 1857 基杆塔
10	仿真数据	杆塔风偏模型	148MB	38 基杆塔仿真结果大约为 148MB	每基杆塔约为 3MB 左右，得出嘉湖通道内的 1857 杆塔的金具为 742.8MB	1 基杆塔约为：3MB	6	嘉湖通道约为 1857 基杆塔
11		力学仿真模型	79MB	一基杆塔，7种工况仿真	一基杆塔一种工况大约为 11MB，得出嘉湖通道内的 1857 杆塔的金具为 742.8MB	1 基杆塔一种工况下约为：11MB	21	嘉湖通道约为 1857 基杆塔
12		仿真计算	1.9GB	23 种工况，6 杆杆塔	一基杆塔一种工况约为 16MB 左右，若计算 1 种工况下所有杆塔	1 基杆塔一种工况下约为：16MB	30	嘉湖通道约为 1857 基杆塔
13	3dtiles	单塔模型	457MB	一基杆塔 5 种状态精细化模型	一基杆塔一种工况约为 92MB 左右，若计算 1 种工况下所有杆塔	1 基杆塔一种工况下约为：92MB	170	嘉湖通道约为 1857 基杆塔
14	风险隐患影像	风险隐患影像	16GB	3 期影像，范围大概覆盖 4 条线 120 基通道及周边边影情况 0~18 级	考虑覆盖嘉湖通道全线时，一期嘉湖通道 167km×55km 范围，切片数据从 10~18 级		16	嘉湖通道 167km×55km
15	视频监控	视频监控			暂无数据，更新频率、存储时间、文件大小等不太清楚			
16	监拍图片	监拍图片			暂无数据，更新频率、存储时间、文件大小等不太清楚			
17	其他监测历史数据	其他监测历史数据			暂无数据，更新频率、存储时间、文件大小等不太清楚			
18	六大监测中心专题图	六大监测中心专题图			暂无数据，更新频率、存储时间、文件大小等不太清楚			

（五）系统架构

1. 总体架构

总体架构分为业务层、服务层、通用平台、数据层、基础信息设施，其功能架构如图 3-7 所示。

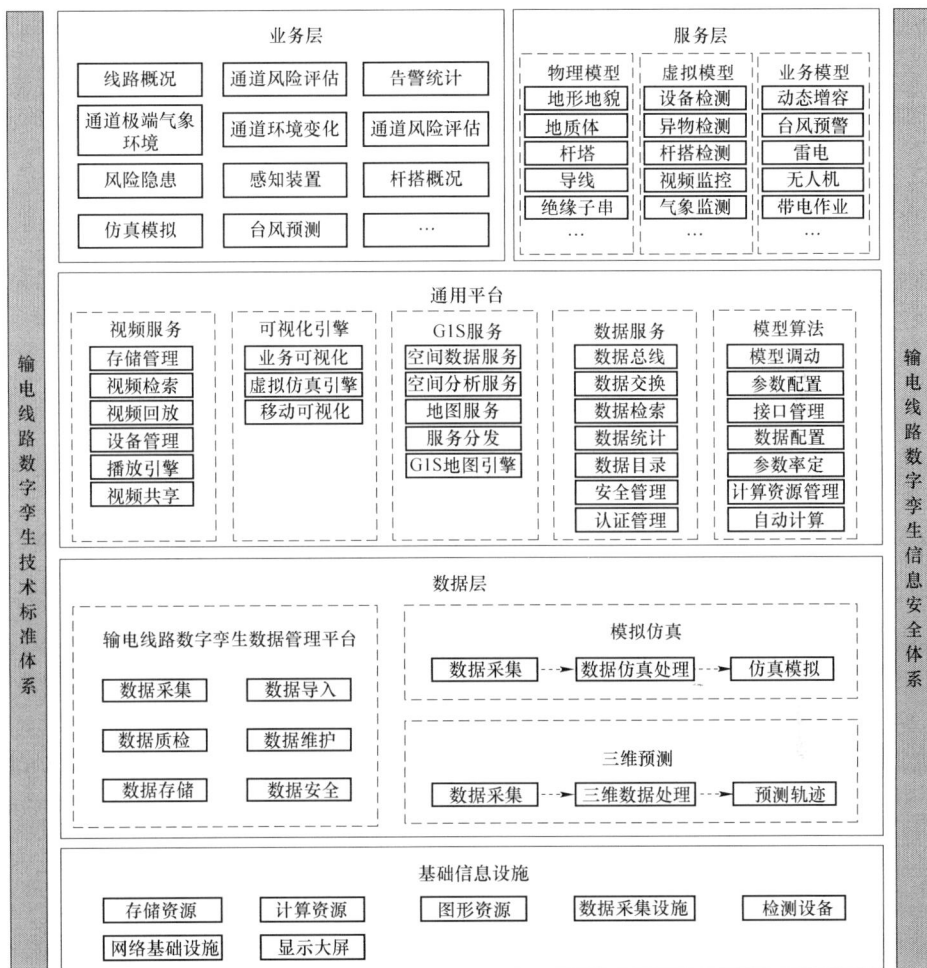

图 3-7　系统总体架构

（1）业务层：用户操作区域，包括业务数据集成展示，三维图像展示、气象预测、轨迹预测等业务成果的展示。

（2）通用平台：为平台提供视频服务，包括可视化引擎、GIS 处理模块服务、平台安全体系、数据交换、模型算法等平台核心模块，是整个平台的大脑中枢，做统一协调服务。

（3）数据层：作为平台数据采集、数据转换服务中心，从全景智慧平台、智慧中台获取到零散的结构数据，经过一系列仿真处理、预测处理等将其转换成可以为业务中台展示使用的标准格式化的展现数据。

（4）基础信息设施：该板块主要涵盖所有数字孪生平台所涉及的外部设备，如存储资源、服务器、检测设备、网络基础设备、显示大屏等资源。

2. 业务架构

业务主要分为首页、通道档案、本体档案、通道环境评估、本体性态评价、力学状态分析、台风预测、仿真计算和系统管理等内容，如图 3-8 所示。

图 3-8 系统业务架构

（1）首页：作为嘉湖通道到输电线路整体统一信息展示区域，可以快速查看各条线路的情况，每条通路上的环境评估，通路上的风险展示，告警统计及缺陷隐患信息的集中展示。

（2）通道档案：通道档案模拟数据实现了嘉湖通道中的历年通道极端气象环境变化、通道环境风险隐患变化、通道风险评估、本年度重大预警及运检策略支持信息呈现，并在三维场景下仿真模拟了如树线放电、机械外破、异物等风险隐患分布和视频、微拍、无人机等感知装置分布情况，以及在三维场景下加载了精细化模型和通道线路信息等。

（3）本体档案：本体档案模拟数据实现了针对单个杆塔周边悬挂的所有设备、天气情况、力学状态、本体状态评估、缺陷隐患列表、告警信息统计等信息呈现，并结合历年检修状态分析展示检修状态和力学状态信息。

（4）通道环境评估：基于实际工况环境下对通道影响情况，分析风险隐患、感知装置、电网环境专题等预警情况，提供相关的运检策略等。

（5）本体形态评价：基于当前实况气象工况，仿真模拟当前输电线路情况，选择某基杆塔察看当前杆塔情况与历年力学状态，评估当前本体状态、缺陷隐患情况与告警情况。

（6）台风预测：基于气象环境预测数据（如台风、地质灾害、洪水、降水、风场等），预测相应气象工况下对输电线路及杆塔造成的风险（如导线风偏、倒塔、地灾、断线、异物、引流线风偏等），并分析设备预警情况和提供智能应对策略。

（7）仿真计算：基于各类实况或模拟预测气象环境变化工况，仿真计算耐张段及周边通道各工况情况下塔线体系情况，得出相关杆塔、绝缘子等预警内容，并提供应对策略。

（8）状态检修：基于系统预警的结果进行检修内容、检修策略生成计划和方案。

（9）周期检修：基于系统运行情况，生成周期检修计划和方案。

3. 应用架构

应用架构分为基础设施层、数据层、通用平台层、服务层、应用层，其功能架构如图3-9所示。

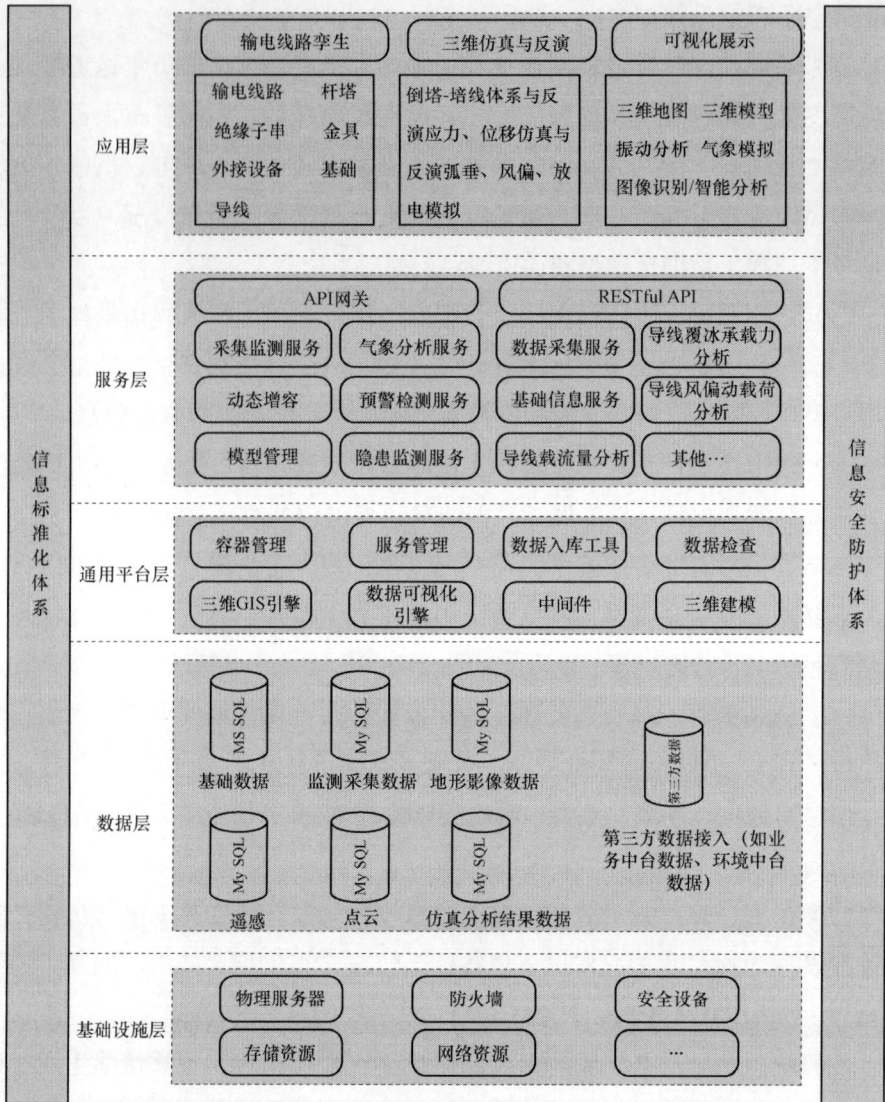

图 3-9 应用架构图

业务系统层完成指定任务而提供必要的相关服务接口功能，主要包括平台管理服务、仿真计算服务、外部接口服务等，各服务的职责描述见表 3-24。

表 3-24   服 务 清 单 表

分项	职责描述
平台管理服务	提供平台系统管理功能，并提供平台页面展示、操作业务数据的功能
仿真计算服务	提供杆塔模型仿真数据服务
地图服务	提供平台展示地图及成图服务所需地图的地图瓦片数据功能
外部接口服务	提供对接"电网资源业务中台""电网环境中台"等接口的功能

业务可视化展示部分部署在信息内网，主要功能为生命档案、运行状态、前摄诊断、策略支持等可视化展示服务，并为业务应用提供统一的接入管理、系统管理等服务。

4. 技术架构

本系统业务基于浙江一体化云平台对系统功能进行基础资源管理，利用阿里云 OSS、RDS 等基础设施进行平台基础环境建设，自建数据模型，基于服务层对各类应用提供支撑，以三维基础底座呈现孪生复刻体、仿真反演、分析统计、预警信息等可视化应用，如图 3-10 所示。

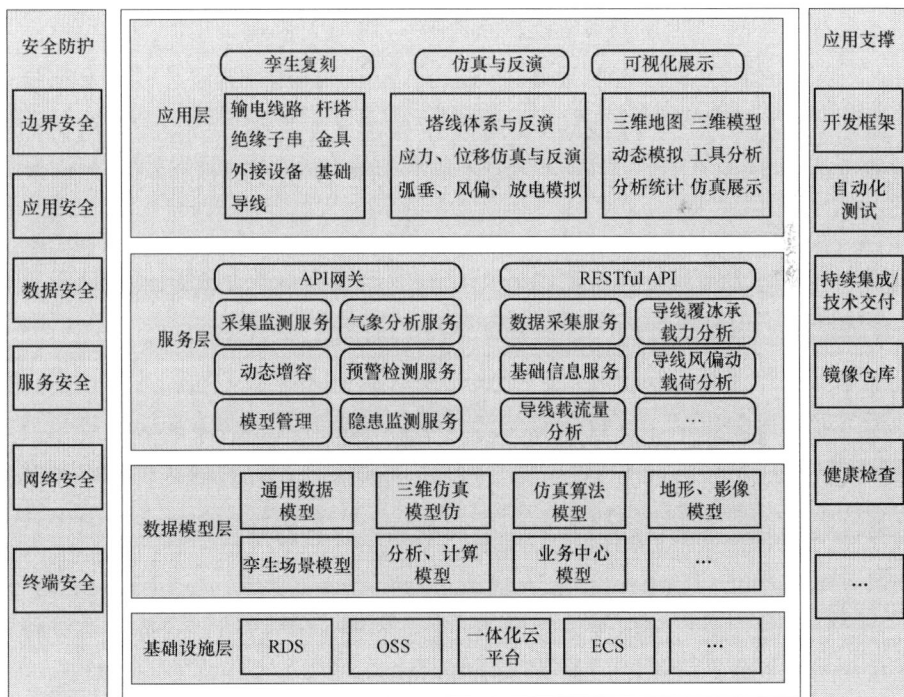

图 3-10 系统技术架构

（1）应用层：用户操作页面，用户使用本系统的入口。

（2）服务层：平台承上启下的层，遵循面向接口的编程思想，整合持久层数据、外部接口数据，按业务层逻辑需要整合各领域数据，按业务层标准数据结构传递给业务层展示，作为数据传递、整合的中枢控制中心。

（3）数据模型层：对完整物理空间的各个要素和实体进行逐级拆解与组织，完成数字信息解析，以数字模型方式完成数字空间展示真实要素的过程。

（4）基础设施层：当前主要用 RDS、OSS 和一体化云平台作为平台运行的基础支撑组件。

（5）安全防护：采用不同级别的安全防控，对数字孪生平台进行全方位的安全防控措施，确保信息准确无误地传达给需要使用的人。

（6）应用支撑：为了满足系统稳定运行，对平台健康检查、持续集成等所有运维工作所做出的支撑服务。

5. 数据架构

业务服务层提供完备的数据资源、高效的数据计算能力及统一的运行环境。业务服务层里的各子系统提供标准接口供相关模块调用。数据在展示层录入，并通过服务层对应的子系统处理加工后保存到数据层，或从数据层获取通过服务层对应的子系统的处理加工后在展示层呈现，或根据业务的需要通过"中台服务"同步到内网其他系统。数据在系统中交互的数据架构如图 3-11 所示。

（1）数字孪生业务库：来自各个已建成的输电线路基础信息数据以及设备检测数据，包括外部的环境监测数据等数据源。

（2）数据服务：数据通过各个业务系统获取到数据，经过业务数据组装服务、模拟仿真服务、三维计算服务、轨迹预测服务将各离散数据统一处理后进入数据孪生平台的数据仓库，地形数据解析、点云数据解析根据业务特定逻辑进行初步的数据处理，并将不同数据量级别的数据提供给前端用户展示使用。

（3）实时计算：获取全景智慧平台实时数据，通过特定业务逻辑进行实时计算，并将数据结果反馈到前端给用户展示。

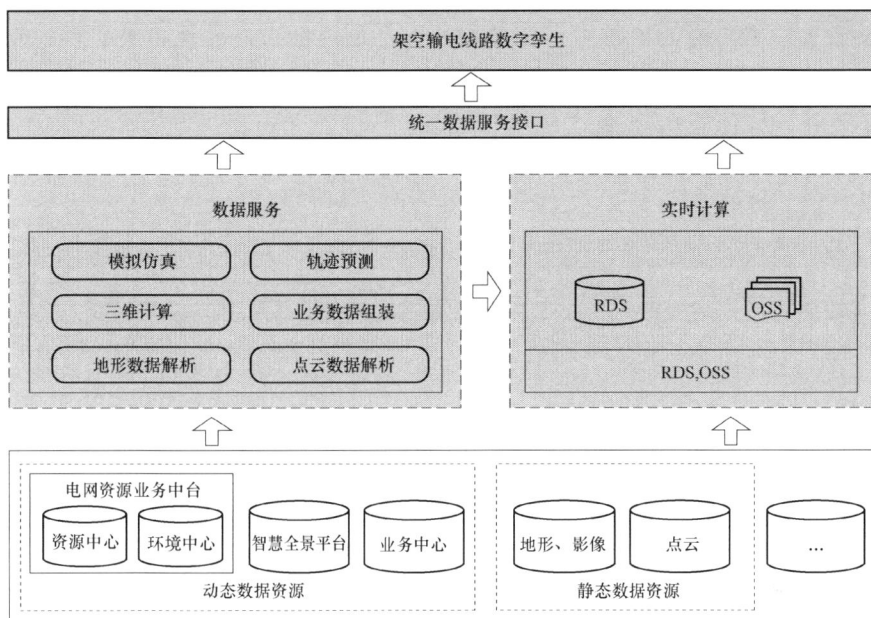

图 3-11　数据架构图

6. 部署架构

作为输电智慧全景展示平台中的一个模块单独部署于浙电一体化云平台，通过接口方式与供服系统，电网资源业务中台现数据交互。总体部署架构如图 3-12 所示。

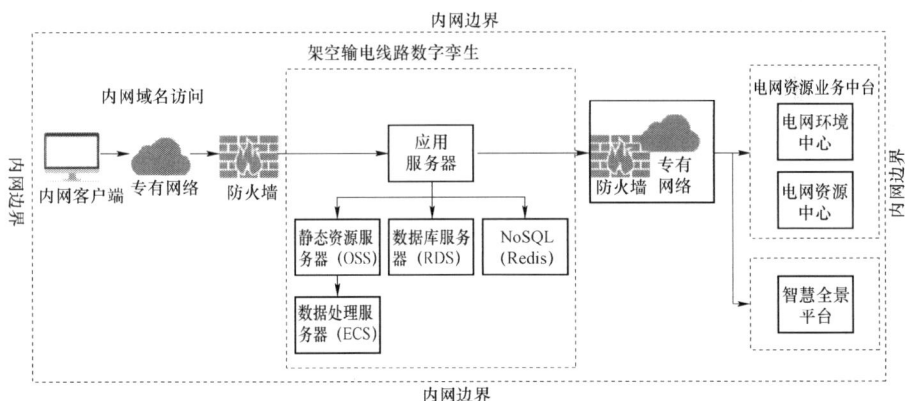

图 3-12　总体部署架构示意图

7. 集成架构

系统集成通道上基于已建成的浙江云平台基础组件，并借助于 OSS、RDS

进行数据管理与静态资源存储，复用已有的通道能力，避免重复建设；同时借助于业务中台数据接口服务，利用已有数据资源进行系统数据的轻量化建设与使用，如图 3-13 所示。

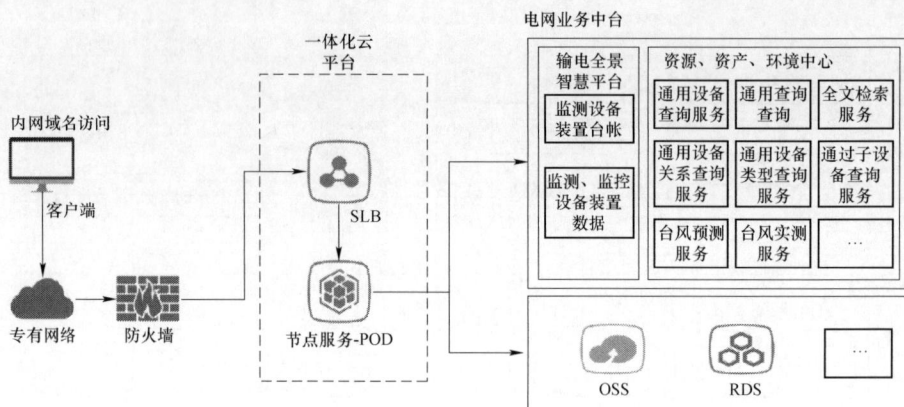

图 3-13 系统集成架构

8. 安全架构

遵循国家等保要求及公司信息安全防护总体框架体系，基于浙江一体化云平台进行内容部署实施，通过内网防火墙、安全验证等方式对信息进行隔离防护，保障平台应用安全，具体如图 3-14 所示。

（1）管理信息大区：作为数字孪生平台业务基础数据来源的业务中台和全景智慧平台，其运行环境属于单独运行的监控系统，这些信息是由其他供应商为公司提供的设备监控系统而来。

（2）防火墙：作为信息传递安全官，为数据安全传递提供核心保障。

（3）云平台：数据孪生平台部署运行中心，为数字孪生平台正常运行提供基础保障。

三、应用安全

基于公司输电全景平台的架空输电线路数字孪生模块建设开发及实施用 B/S 结构的内网应用，需要通过内网应用的应用安全功能设计，保证合法的内网用户访问，防止非授权用户访问，降低系统在应用层面遭受攻击的风险，保证应用自身的安全，见表 3-25。

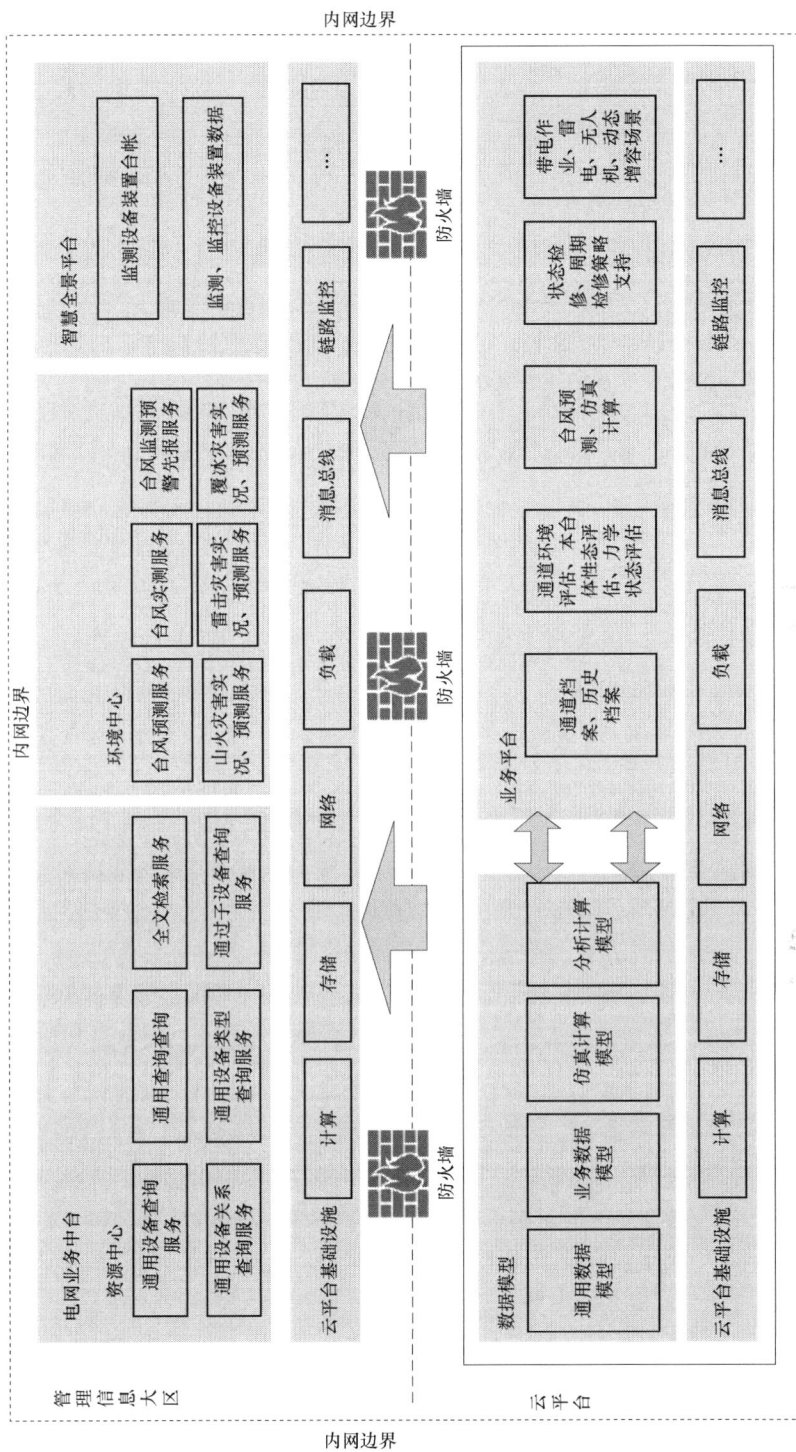

图 3-14　系统安全架构

表 3-25

应 用 安 全

安全要求	遵从情况	实现方式及措施
身份认证	遵从	1）系统提供用户名/口令方式进行身份验证。密码长度下限不得少于 8 位，上限不得多于 20 位，支持数字及字母搭配组合。 2）系统采用 SSL 加密隧道确保用户密码的传输安全，采用单向散列值在数据库中存储用户密码，并使用强密码。 3）在生成单向散列值过程中加入随机值，降低存储的用户密码被字典攻击的风险
权限控制	遵从	1）根据系统访问控制策略对受限资源实施访问控制，限制客户不能访问到未授权的功能和数据。 2）后台管理采用黑名单或白名单方式对访问的来源 IP 地址进行限制，防止非法 IP 接入及地址欺骗。 3）采用统一的访问控制机制，保证整体访问控制策略的一致性；同时确保访问控制策略不被非法修改。 4）根据应用程序的角色和功能分类，设计详细的授权方案，确保授权粒度尽可能小
配置管理	遵从	1）避免在应用程序的 Web 空间使用配置文件，以防止可能出现的服务器配置漏洞导致配置文件被下载。避免以纯文本形式存储机密配置，如数据库连接字符串或账户凭据。应通过加密确保配置的安全（例如 Machine.config 与 Web.config），并且限制对包含加密配置的注册表项、文件或表的访问权限。 2）对配置文件的修改、删除和访问权限的变更，都要详细记录到日志。 3）配置管理功能只能由经过授权的操作员和管理员访问，在管理界面上实施强身份验证
会话管理	遵从	1）在用户认证成功后，为用户创建新的会话并释放原有会话，创建的会话凭证满足随机性和长度要求，避免被攻击者猜测。用户登录成功后所生成的会话数据存储在服务器端，并确保会话数据不能被非法访问，当更新会话数据时，应对数据进行严格的输入验证，避免会话数据被非法篡改。 2）提供用户退出登录功能，退出登录时注销服务器端的会话数据。 3）设置会话存活时间为 15min，超时后销毁会话，清除会话的信息
参数操作	遵从	主要的操作参数威胁包括操作查询字符串、操作窗体字段、操作 cookie 和操作 HTTP 标头。针对参数操作，在安全功能方面应满足以下要求： 1）避免使用包含敏感数据或者影响服务器安全逻辑的查询字符串参数。 2）使用会话标识符来标识客户端，并将敏感项存储在服务器上的会话存储区中。 3）使用 HTTP POST 来代替 GET 提交窗体，避免使用隐藏窗体。加密查询字符串参数。 4）确保用户没有通过操作参数而绕过检查，防止最终用户通过浏览器地址文本框操作 URL 参数。 5）限制可接受用户输入的字段，并对来自客户端的所有值进行修改和验证
日志与审计	遵从	用户访问信息系统时，对登录行为、业务操作及系统运行状态进行记录与保存，保证操作过程可追溯、可审计，确保业务日志数据的安全。系统主要提供以下日志： 1）系统日志：使用 Apache 提供的日志操作包 Log4j 程序，将系统的启动和停止、系统执行信息、错误日志等消息输出到应用服务器的 Log 日志中。 2）访问日志：记录用户的登录行为和访问过程，包括用户 ID、操作类型、操作时间、session 标志、访问菜单等信息
加密技术	遵从	密码加密：使用非对称加密技术，使用单向散列算法。常用的单向散列算法有 MD5、国密和 SHA1，由于 MD5 算法存在安全隐患，采用国密算法的方式

四、数据备份

系统后台数据采用 mysql 数据库。为了保证系统数据的安全，采用如下备份方式：

1. 全量备份

（1）通过 mysql Export 工具，全库导出 mysql 数据，作为全量备份。

（2）全量备份周期：每 1 周作 1 次全量备份，保留最近 4 周的全量备份数据。

2. 增量备份

（1）通过导出 mysql LOG 增量文件，作为增量备份。

（2）增量文件以 4M 一个文件，保留最近 6 周的增量数据。

五、非功能需求

1. 响应时间需求

系统操作响应时间应满足以下要求：

（1）首次打开：界面打开响应时间为 60s 以内。

（2）更新处理时间：功能操作提交更新的时间为 10s 以内。

2. 稳定性需求

要求系统可以容许 7×24 小时连续运行。

3. 开放性需求

系统要求支持多种软、硬件平台，采用先进通用软件开发平台开发，具备良好的可移植性。采用标准开放接口，支持与其他系统的数据交换和共享，支持与其他商品软件的数据交换。

4. 可靠性需求

（1）容错性：用户输入非法的数据或不合理的操作，不会造成系统崩溃或引起数据的不完整。客户端在不同的操作系统下或不同的硬件配置下，都能正常工作，也不会因为用户在系统装了不同的软件，造成本产品的工作不正常。

（2）可靠性：提交给用户的最终产品在 6 个月的运行期间，不能有致命错误，严重错误不超过 5 次，一般错误不超过 15 次。

（3）可恢复性：当系统出现故障或机器硬件出现断电等情况，系统应该能自动恢复数据和安全性等方面的功能。

5. 易用性需求

（1）易懂性：用户能够容易地理解该系统的功能及其适用性。

（2）易学性：该系统简单易学，容易上手。

（3）易操作性：具备良好的用户交互界面，使用户容易操作。阻止用户输入非法数据或进行非法操作，对于复杂的流程处理，系统提供向导功能，可随时给用户提供使用帮助。

6. 正确性需求

要充分考虑数据的一致性和完整性（实体完整性、域完整性、参照完整性），保证数据库记录数据 100%正确，同时要求呈现给用户的数据也要 100%正确。

7. 可复用性需求

软件模块的设计应有良好的可复用性。

8. 可维护性需求

随着设计数据的不断增长，系统可以很容易地扩充数据库和通信链路适应业务容量的增加。另外，系统应能方便平滑地升级。

9. 可测试性需求

产品的单元模块和最终产品的功能都是可验证和可测试的。

10. 适应性需求

保证软件产品能很好地进行功能扩充，可方便地在原来的系统中增加新的业务功能（如实现消息发送等），而不影响原系统的架构。

第四章 变电数字化电力设备及使用规范

第一节 数字化一次设备

一、数字化变压器

（一）变压器（电抗器）油中溶解气体在线监测

1. 应用分析

对变压器、电抗器等充油设备，其绝缘油中溶解气体含量与其内部运行状态密切相关，可直接、有效地反映绕组、铁心以及绝缘材料的放电、过热等缺陷故障，是充油设备的核心状态量，已有成熟的分析、诊断体系。油中溶解气体在线监测装置可对充油设备绝缘油中各种特征气体进行高频次定期检测，对于主设备运行状态评估、缺陷跟踪和故障预警具有至关重要的作用。

2. 检测原理

油中溶解气体在线监测按照检测原理不同，可分为气相色谱法、光声光谱法、激光光谱法、红外光谱法和传感器阵列法等；按照检测气体组分不同，可分为多组分检测和少组分检测；按照检测位置不同，可分为本体检测和套管升高座检测等。

（1）传统气相色谱监测。气相色谱检测法主要包括油气分离和色谱检测两个核心步骤。具体原理为：通过油泵将绝缘油输送至油气分离模块进行油气分离，获得特征气体；在以适当的固定相做成的柱管（色谱柱）内，以特定载气作为移动相，利用各组分气体理化特性的不同进行组分分离；各组分气体按顺序离开色谱柱进入检测器，放大并记录产生的离子流信号谱峰，与标准气体谱峰进行比较，最终获得各特征气体具体含量。传统气相色谱通常采用氮气或氩气、氦气等惰性气体作为载气，需要配置载气瓶，并定期补充载气。

（2）载气免维护型气相色谱监测。载气免维护型与传统气相色谱检测的主要区别在于载气获取方式。该型产品配置载气自动发生装置，可利用气泵将去除水分、烃类和二氧化碳的高纯度净化空气作为载气，无须定期补充，可大大减轻维护工作。

（3）光声光谱监测。光声光谱检测法与传统气相色谱技术的主要区别在于油气分离后的检测过程。油气分离后气体进入密封光声室，以特定频率激光反复激发气体分子，根据激光频率与特定气体之间的关系实现特征气体的定性检测；同时，采用微音器检测不同气体分子在退激过程中引起的局部压力变化，实现定量检测。该检测技术无须进行气体组分分离，可快速获取实时数据。

（4）红外光谱监测。由于各种物质分子内部即物质只能吸收一定波长的光，因此可基于不同气体分子的近红外光谱选择吸收特性进行检测。物质对一定波长光的吸收关系服从朗伯—比尔吸收定律，利用气体浓度与吸收强度关系鉴别气体组分并确定其浓度。

（5）传感器阵列监测。采用由多个气敏传感器组成的阵列，根据不同传感器对不同气体的敏感度不同，采用神经网络等方法训练建立各气体组分浓度与传感器响应的对应关系，实现对各种气体浓度的在线监测。

（6）套管升高座单氢监测。套管升高座单氢检测主要用于变压器（电抗器）套管升高座部位油中氢气含量的快速检测。多采用电化学检测原理，利用特定薄膜（如钯合金纳米薄膜）表面吸附氢气后电导率随氢气含量规律变化的特性，定量测试氢气含量。

3. 技术分析及应用情况

（1）传统气相色谱监测：① 检测技术成熟、性能稳定；② 存在色谱柱老化和饱和的现象，需定期更换载气，日常运维工作量大。最小检测浓度、测量重复性和最小检测周期可满足 Q/GDW 10536—2021 相关要求。

（2）载气免维护型气相色谱监测：① 大量减少载气维护工作，可根据实际需求调整采样周期；② 气泵更换成本高，故障可能导致变压器本体大量进气风险，长期运行稳定性有待验证。最小检测浓度、测量重复性和最小检测周期可满足 Q/GDW 10536—2021 相关要求。

（3）光声光谱监测：① 检测稳定性好，监测周期短，无须载气，无须现场定期标定；② 产品价格高，校验成本高。最小检测浓度、测量重复性和最小检测周期可满足 Q/GDW 10536—2021 相关要求。

（4）套管升高座单氢监测：① 监测结果不受其他故障气体的干扰，检测精度和数据稳定性较高，可解决套管、出线装置等关键部位"死油区"的油样监测难题；② 实际安装时通过升高座引出细长管路进入监测装置，不利于及时反映油中溶解气体变化情况，检测有效性及长期稳定性待验证。

（5）红外光谱监测：红外光谱在最小检测浓度、测量重复性和最小检测周期方面满足 Q/GDW 10536—2021 的相关要求，然而响应时间较慢，且由于产品价格高、检测消耗样气量大等因素，尚未在生产实际中开展大规模应用。

（6）传感器阵列监测：需处理好系统气体检测灵敏度、精确度、数据重复性和交叉响应等问题，实际应用厂家较少。

油中溶解气体在线监测装置已被广泛应用于 110kV 及以上电压等级的变压器（电抗器）中。其中，传统气相色谱在线监测装置应用时间最长，范围最广；免维护型气相色谱在线监测装置为新研发产品，应用量逐步增大；光声光谱在线监测装置近年来被广泛应用于 500kV 及以上变压器（电抗器）；升高座单氢在线监测装置多用于特高压变压器（换流变压器）；基于激光光谱、红外光谱或传感器阵列原理的在线监测装置也具有一定量的试点应用。

油中溶解气体在线监测装置告警规则可参考 Q/GDW 10536—2021 执行。

（二）绕组热点温度测量

1. 应用分析

IEC 规定：油浸变压器绕组的热点温度限制在 118℃，在变压器运行中，如果绕组的热点温度超过 140℃，便会产生 CO、CO_2 和水分。因此，如何发现大型变压器绕组的低温过热，成为运行和制造部门非常关注的热点问题。

2. 检测原理

一般运行通常采用测量顶层油温，然后通过变压器的热模型计算出绕组的温度。但是该方法难以反映绕组及匝间油道温度的快速变化，对变压器的允许过载及运行寿命评估几乎没有实际意义。从绝缘寿命上看，年平均温度为98℃具有正常寿命，每增加6℃寿命即降低一半，因此当绕组温度超过140℃时，将危及变压器的正常运行。

因此，推荐直接测温方法，即用预先埋置在绕组内的光纤传感器直接测量绕组的过热点温度，或者采用分布式光纤传感器测量出沿绕组的热点温度分布。对变压器绕组过热点温度实行在线监测，对保证变压器的安全运行具有重要意义。

3. 技术分析及应用情况

此类型绕组热点温度测量在国内有小规模的应用。"十一五"期间分布式光纤温度传感器在高压开关和电缆等领域有研究和应用。目前已有成熟应用的均为点温测量，而分布式温度测量基本都处于研究阶段。研究显示应用光栅光纤传感技术进行分布式测温更能保证变压器的安全运行，更好地对变压器的允许过载和运行寿命进行评估。

（三）变压器（电抗器）铁心/夹件接地电流在线监测

1. 应用分析

铁心/夹件接地电流可反映设备铁心夹件是否存在多点接地或短路的情况，已有成熟的分析、诊断体系。铁心/夹件接地电流在线监测装置可对变压器铁心/夹件接地电流进行连续监测，对于主设备运行状态评估、缺陷跟踪和故障预警具有一定作用。

2. 检测原理

铁心/夹件接地电流监测装置通过非接触式罗氏线圈测量铁心/夹件接地引下线的电流信号，包括基波电流和全电流信号。装置主要由电流传感器、数据采集和处理部分、通信控制部分等组成。一般分为两种：一种具有监测和报警功能；另一种具有监测、报警和限流功能，结构上增加了限流单元。监测电流范围 AC 1mA～10A，分辨率不大于 1mA，频率范围 20～200Hz，测量误差要求±1%或±1mA。

3. 技术分析及应用情况

铁心/夹件接地电流监测技术原理明确，装置应用成熟，监测数据可靠，预警效果明显，是变压器状态量在线监测体系的重要组成部分。当下，铁心/夹件接地电流监测在特高压变压器（换流变压器）进行了安装。告警规则参考 Q/GDW 1168—2013《输变电设备状态检修试验规程》中针对变压器运行中铁心接地电流限值设定，监测时间间隔 5min。

（四）变压器（电抗器）振动在线监测

1. 应用分析

变压器在运行过程中，铁心与绕组持续产振动，振动声纹可有效表征绕组变形、压紧力松动等机械稳定性故障。通过在变压器外壳表面不同位置安装振动传感器，监测振动声纹信息，对变压器绕组状态评估、缺陷跟踪和故障预警具有至关重要的作用。

2. 检测原理

变压器振动在线监测的关键技术主要包括振动采集、声纹同步和信号分析技术。振动传感器以磁吸附的方式布置在变压器壳体表面形成监测阵列，同步监测振动速度、加速度和位移并转化为电信号，通过信号时频分析获取频率复杂度、振动平稳性、振动相关性和能量相似度等特征量。

3. 技术分析及应用情况

检测技术较为成熟，对于发现变压器机械失稳故障有显著效果；不同设备的监测振动图谱差异较大，尚未建立特征参量与典型缺陷的映射关系。

变压器振动在线监测装置已被应用于部分 220kV 电压等级及以上变压器，在少量 110kV 变压器也有试点应用。

大部分监测装置已接入辅控系统，基础监测周期为 5min/次，可按需求任意设定，最小监测周期为 30s/次；告警阈值参考振动平稳性、相关性、复杂度和能量相似度 4 个参数进行设定。

（五）特高频局部放电在线监测

1. 应用分析

特高频局部放电在线监测通过监测分析变压器内部局部放电所产生的高频电磁波信号的频谱特性，确定局部放电源特性，一定条件下该方法能有效定位局部放电位置与性质，但无法进行定量测量，对于主设备运行状态评估、缺陷跟踪和故障预警具有一定参考价值。

2. 检测原理

绝缘介质中每次局部放电均会发生正负电荷中和，并伴随高陡度的电流脉冲，向周围辐射电磁波。特高频在线监测装置可分为内置式与外置式。外置式将天线安装于变压器油箱顶盖、套管升高座等结构的法兰连接处；内置式需将传感器通过变压器油阀伸入设备内部，为确保安全性，天线面与变压器油箱在同一平面上，所测信号通过一个波导结构从设备中导出并送入检测系统，进行图谱分析。监测频率范围为 300MHz～3GHz。

3. 技术分析及应用情况

特高频局部放电在线监测检测频率高、局部放电信息量大、抗干扰特性较好。同时，其检测原理限定了局部放电量无法进行标定，只能跟踪局部放电趋势；不同介质间信号衰减明显，不利于变压器等结构复杂设备的缺陷定位；装置数据仅可通过后台人工查阅，且无边缘计算架构，信号图谱实时传输对监测系统硬件资源要求极高。

特高频局部放电在线监测装置在部分 220kV 变压器进行了安装，还有部分变压器在设计上进行了传感器安装位置预留，尚无在线监测装置运行。

告警规则方面，在实时监测时间隔 5min 将采集数据进行上送或就地存储，仅向辅控系统上送特高频信号幅值、相位和次数三大类数据，一旦特高频信号幅值越限（告警参量统一设定为–40dBm），将自动上送 PRPS 图谱供运维人员分析。多用于缺陷故障分析，未设置告警阈值。

（六）超声局部放电在线监测

1. 应用分析

超声局部放电在线监测通过监测分析变压器内部局部放电所产生的超声信号时频域特性，通过多位置测量比较信号强度定位局部放电位置与性质，无法进行定量测量，对于主设备运行状态评估、缺陷跟踪和故障预警具有一定参考价值。

2. 检测原理

采用超声传感器在设备外壳表面测量局部放电产生的超声信号进行监

视；在设备上进行传感器多点布置，在设备表面结合超声信号发生器进行介质内波速测量，通过信号传播时序特征实现缺陷定位。监测频率范围为 20～200kHz。

3. 技术分析及应用情况

超声局部放电在线监测结构简洁，测量结果直观，能较为快速地定位缺陷位置。同时，其检测原理限定局部放电量无法进行标定，只能跟踪局部放电趋势；不同介质间信号衰减明显，不利于变压器等结构复杂设备的缺陷定位。

超声局部放电在线监测装置主要作为设备重症监护多种功能中的一种存在，尚无长期运行的在线监测装置。多用于缺陷故障分析，未设置告警阈值。

（七）变压器有载分接开关振动在线监测

1. 应用分析

变压器有载分接开关是有载调压变压器的关键组成部分，换档过程中产生的振动信号可有效表征快速机构储能弹簧力下降、动/静触头磨损、软接连螺栓松动、转换器三相不同步及传动机构故障等情况。振动在线监测装置安装在有载分接开关顶盖或变压器侧壁处，通过加速度传感器获取有载分接开关操作过程中的振动信号，配合电流传感器监测驱动电机电流信号，是评价有载分接开关运行状态的基本参量。

2. 检测原理

变压器振动在线监测装置一般由加速度传感器、电流传感器和故障诊断设备主机组成。电流传感器和加速度传感器分别用于检测有载分接开关操作过程中的驱动电机电流和机械振动信号，转换为电信号传送至系统主机进行时域包络和小波变化等时频域分析，评价有载分接开关运行状态、故障程度及发展趋势。

3. 技术分析及应用情况

测量重复性较好，针对滑档、传动部件故障的识别准确性高；受到外界环境及变压器本体振动的干扰，长期运行稳定性有待验证。

有载分接开关振动在线监测目前正在换流变压器开展试点应用。监测装置未接入辅控系统，监测数据依赖人工分析，未形成统一的告警规则。

（八）变压器套管一体化监测

1. 应用分析

变压器套管一体化监测装置能够实现套管相对介损与电容量监测，部分装置安装高频 TA，同时具备套管与变压器高频局部放电在线监测能力。在当前变压器套管在线监测手段有限的情况下，该装置的应用对套管状态管控有一定意义。

2. 检测原理

变压器套管一体化监测系统安装于套管末屏或次末屏试验抽头处，通过适配套管末屏抽头的穿心 TA 测量末屏泄漏电流及其相位，并以同电源某一其他设备的二次电流电压为参考，根据绝缘介质损耗检测原理，获得与参考设备相比的相对介损与电容量；对于局部放电测量，采用高频传感器进行电流波形特征采集；上述信息在监测单元完成高频局部放电、泄漏电流、相对介损及电容量数据处理与干扰抑制。高频 TA 测量频段：30kHz～300MHz；工频 TA 测量频段：45～65Hz。

3. 技术分析及应用情况

实现末屏接地电流和高频脉冲电流的数据采集，融合了套管介损、电容量与局部放电监测，是主要的套管绝缘状态监测解决方案。同时，在安全性方面，变压器带电后无法在线维护，其可靠性存在提升空间。电厂系统出现过因套管一体化监测装置与末屏接触不良导致的套管故障事件。屏适配器安装后信号传输与接地可靠性无法验证，检修质量无法有效验证。在功能性方面，一方面相对介损的有效性取决于比较对象相位的准确性，对基波相位采样要求极高，存在相对介损及电容量、局部放电水平数据失真的情况，直流站设备尤甚。

2013 年，在开展技术验证现场安装后临时对相对介损与电容量进行了绝对值的预警设置，由于后续未持续开展推广应用，验证装置陆续拆除；2020年起，逐步在换流变压器网侧进行安装与试点应用，现有装置暂无相关告警与设备评价策略，也无趋势变化类的预警模式。

（九）变压器数字化保护的智能监测装置

1. 应用分析

传统的变压器在线监测装置如油色谱分析、局部放电、振动等对较短时间尺度下发生的内部严重缺陷早期状态不具备准确的判别性和反应，一旦缺陷不能被及时发现，并在较短时间内发展成为故障时，可能对变压器已经造成了严重损害甚至发生燃爆事件。变压器数字化保护的智能检测装置可实现对变压器瓦斯、油温、油压及油位等关键非电参量的直观检测，可直接反映变压器内部绝缘变化，有效识别和预警内部突发的电、热异常缺陷。

2. 检测原理

智能气体继电器分别基于电容式液位计和气体传感器（钯合金和激光吸收光谱）实现气体继电器动作气体容积和组分的精确检测；同时，可通过基于压电传感原理的油压感知模块、基于铂电阻的油温感知模块和基于压差原理的油位感知模块监测油压、油温和油位，进而实现对变压器非电量保护实时监测、远传，提前发现内部绝缘缺陷并预警。

3. 技术分析及应用情况

气体继电器的容积监测和组分远程快速分析可有效解决气体继电器的误告警，并在轻瓦斯动作后无须运维人员现场取气测量，大幅提升设备安全、简化检测过程和保护现场工作人员的人身安全。变压器油温、油压和油位的感知模块性能参数可实现变压器早期绝缘缺陷的检测，在装置硬件方面较成熟。但因涉及对原有气体继电器的更换，且油温、油压和油位模块均是接触式感知，装置无法在带电的情况下完成安装调试。

国网湖州供电公司 220kV 吉安变电站已开展变压器数字化保护智能监测装置的试点应用，已完成装置的安装，后续将完成瓦斯气体容积及组分、油压、油位、油温等关键参量的辅控系统接入。并将部署以非电量特征为主、局部放电等电量信息为辅的主动保护策略。

二、数字化开关

（一）GIS 气体密度在线监测

1. 应用分析

GIS 设备的 SF_6 气体密度直接影响绝缘和断路器灭弧性能，因此需要时刻监测气室内的气体密度。SF_6 在线监测装置通过阀安于气室，主要采用压力测量型传感器和温度传感器获取实时密度数据，作为评估 GIS 气体绝缘性能的重要参量。

2. 检测原理

GIS 气体密度监测的关键技术是压力温度传感和温度校正。通过压力型密度传感器和温度传感器，分别测量气室压力和气体温度，转化成数字信号后上送至分析模块，通过计算进行温度补偿或修正，将实测压力折算为 20℃时的压力以表征气室内的气体密度变化趋势。

3. 技术分析及应用情况

GIS 气体密度监测装置的监测周期短，可及时发现快速漏气；装置监测精度不满足少量气体泄漏检测的要求，缺少针对缓慢漏气的预警策略，室外装置受温度影响大。

GIS 气体密度监测装置已大量应用于 500kV 及以上变电站，在 220kV 及以下电压等级变电站逐步推广。

大部分监测装置已接入辅控系统，告警策略采用阈值告警，阈值基于 20℃折算压力进行整定，按照气体密度表的额定压力、报警压力和闭锁压力设置多级阈值告警或保护。

（二）GIS 局部放电在线监测

1. 应用分析

GIS 的内部空间极为有限，工作场强很高，且绝缘裕度较小。GIS 内部一旦出现绝缘缺陷，极易造成设备故障，引起的停电时间长，检修费用高。局部放电信号是反映 GIS 内部绝缘性能的重要参数，由于 GIS 金属外壳具有较强的信号屏蔽效果，有效的监测手段相对较少，对于其内部缺陷的监测相对困难。特高频传感器可实现 GIS 局部放电的有效监测，保障 GIS 安全运行。

2. 检测原理

GIS 内部发生小范围内局部放电时，SF_6 气体击穿时产生的脉冲电流向四周辐射出特高频电磁波。由于 GIS 腔体结构相当于一个良好的同轴波导，特高频信号在 GIS 内部传播时损耗较小。通过天线检测并判断某一时刻及某一时间段内 GIS 内部局部放电的强度与相位的关系，可推断放电类型。根据特征特高频信号到达不同传感器之间的时差，可对局部放电缺陷进行定位。

3. 技术分析及应用情况

技术可行性强、灵敏度高，是 GIS 设备为数不多发现设备内部缺陷的有效在线监测手段；成本较高，预警及时性及抗干扰能力低，对图谱识别经验要求较高。

目前在特高压站 GIS 中安装内置特高频传感器，告警信号需在站端后台查看处理，部分传感器灵敏度较低；电压等级较低部分设备安装了外置传感器，检测效果较差且无法保存查看图谱数据。

部分装置厂家开发了内置算法，参考 DL/T 1534—2016《油浸式电力变压器局部放电的特高频检测方法》，根据特高频图谱对放电特征进行识别，同时判断是否为外部干扰信号。

（三）断路器机械特性在线监测装置

1. 应用分析

GIS 动作部位除了承受电场、温度场、电动力等复合应力，还会受到间歇性机械操作的影响，而操动机构是动作部位中最薄弱环节。断路器拒分、拒合、合后即分、误动等异常事件一旦发生，极有可能引起故障跳闸失败、重合闸失败、无指令跳闸等一系列严重后果。断路器机械特性在线监测装置可获取断路器基本动作信息，可以极大地提升设备运行状态的感知能力。

2. 检测原理

断路器机械特性在线监测装置通过安装断路器位移传感器、电流传感器，采集断路器位移行程信号、分合闸线圈电流信号、储能电机电流信号、开关分合位置信号，分析得出开关分合闸动作时间、速度等动作特性，通过数据比对分析，及时发现机构卡涩、弹簧疲劳、储能异常等缺陷隐患。

3. 技术分析及应用情况

无须停电即可监测每次动作的机械特性；只能在动作时监测机械特性，可用数据少，产品算法自动分析结果尚不稳定，需人工介入。

已在部分无功投切开关和智能变电站内安装使用，尚未充分验证其效果。告警阈值根据厂家要求值设定，装置尚未接入辅控系统。

（四）断路器机构弹簧压力在线监测装置

1. 应用分析

断路器长期不动作导致难以获取其状态信息，仅能通过设计动作次数评估其寿命,难以有效预防拒合拒分等动作异常。高压断路器机构弹簧压力监测装置能够实时监测断路器机构弹簧压力变化传递状态信息,并进行数据分析处理,对断路器机构弹簧的异常现象准确给出故障信号,有效提升对机械状态的评价能力。

2. 检测原理

合闸弹簧压力传感器、分闸弹簧压力传感器均固定在弹簧静端。合闸弹簧压力传感器位于合闸弹簧和合闸弹簧筒之间,分闸弹簧压力传感器位于分闸弹簧和分闸弹簧筒之间。系统通过数据采集单元将压力传感器信号转换成4~20mA信号后上传给智能监测装置,在装置内进行数据解析、状态诊断,并将诊断结果上传到监控后台。

3. 技术分析及应用情况

在不停电的情况下监测弹簧压力,可一定程度上反映弹簧疲劳和分合闸时的阻力情况;成本相对较高,效果未有效验证。

目前仅少量智慧站有试点应用,尚未有明确效果(如发现明显弹簧疲劳)。告警阈值根据厂家要求值设定,装置尚未接入辅控系统。

(五)大电流开关柜触头在线测温装置

1. 应用分析

触头接触不良是大电流开关柜的主要故障类型之一,易导致接触面发热,严重时将造成短路故障。大电流开关柜在线测温装置持续监测触头部分温度,对开关柜的运行状态评价至关重要。

2. 检测原理

对触头的直接测温技术包括红外测温、光纤光栅测温、数字温度传感器测温、声表面波传感器测温等。

(1)光纤光栅测温装置。光纤光栅监测装置利用光源产生一定波长的光线,经过放大后利用光纤传导方式传送到热敏传感器部分,不同温度情况下,热敏传感器会反射出对应不同温度的窄谱脉冲信号,经过对反射光信号的滤波、采样、分析及后续的信号处理,获得热敏传感器的温度值。

(2)红外测温装置。红外测温装置通过接收来自柜内部件发射的红外线信号,根据接收的红外线信号强度来计算所测设备部位具体温度值。

（3）数字温度传感器测温装置。数字温度传感器使用热电阻、热电偶或半导体温度传感器来监测触头温度，通过数字芯片转换为数字信号后通过无线的方式发送到后台主机。

（4）声表面波传感器测温装置。声表面波传感器由压电基片、叉指换能器、反射栅条和天线组成，整体安装在触头表面。叉指换能器将外部发出的查询电磁波转换为声表面波并于压电基片表面传播，声表面波在反射栅条形成反射和谐振，并由叉指换能器转换回电磁波发射。压电基片受温度影响，声表面波的谐振频率与温度变化成正比关系，通过监测分析叉指换能器返回的电磁波响应信号，即可测得所测物体表面的温度。

3. 技术分析及应用情况

（1）光纤光栅测温装置：对柜内绝缘影响较小；光纤易折易断，布置困难且易老化损坏。

（2）红外测温装置：无接触检测，可直接测量高压触点附近温度；开关柜结构一般难以满足红外测温的距离要求。

（3）数字温度传感器测温装置：设备改造相对简单；易受电磁干扰，数字芯片需取能，TA 取能可靠性与稳定性较差，采用电池对能耗设计要求较高，同时维护相对繁琐。

（4）声表面波传感器测温装置：与触头接触的元件无须取电；改造占用空间较大。

大电流开关柜触头测温在线监测在浙江部分变电站试点应用，主要采用数字温度传感器测温、声表面波传感器测温。

试点应用监测装置已接入辅控系统，告警规则基于运行经验设定，并结合负荷情况判断开关柜触头状态。

（六）大电流开关柜局部放电在线监测

1. 应用分析

高压开关柜是电力系统非常重要的电气设备，其内部绝缘部分的缺陷或劣化、导电连接部分的接触不良都使安全运行受到威胁。而上述问题均可以通过对局部放电的在线监测提前预警，对开关柜设备局部放电的检测方法主要有脉冲电流法、射频法、超声法、特高频法、暂态地电位法等，其中用于在线监测的主要为特高频法和暂态地电位法。

2. 检测原理

高压开关柜中发生局部放电，脉冲电流向四周辐射出特高频电磁波，同时在开关柜外壳产生 1～7V 的暂态地电位抬升，对相应信号的检测分析形成了特高频法与暂态地电位法。暂态地电位法一般根据放电的频率、强度进行分析；特高频法一般根据放电的频率、强度和相位进行分析。

3. 技术分析及应用情况

（1）特高频法：采集信息丰富，灵敏度高；干扰信号较多。

（2）暂态地电位法：技术成熟，成本较低；对缺陷反应不灵敏。

开关柜局部放电在线监测仅在浙江少数智慧站获得应用。目前尚无统一的告警评价策略，装置尚未接入辅控系统。

三、数字化互感器

（一）电子式互感器

1. 应用分析

对比常规互感器存在的绝缘复杂、体积笨重、动态范围小、铁心饱和等缺点，电子式互感器具有绝缘简单、体积小、重量轻、动态范围宽、无磁饱和等优势，其采用光纤点对点或组网的方式传输数据，很好地适应了智能电网的发展需求。

2. 应用原理

按一次传感部分是否需要供电，电子式互感器可划分为有源式电子互感器及无源式电子互感器。

有源式电子式互感器利用电磁感应等原理感应被测信号，由传感模块和合并单元两部分构成。传感模块又称远端模块，安装在高压一次侧，传感头部分具有需用电源的电子电路，负责采集、调理一次侧电压电流并转换成数字信号，利用光纤传输。合并单元安装在二次侧，负责对各相远端模块传来的信号做同步合并处理。

电流互感器利用空心线圈及低功率线圈传感检测一次电流。空心线圈是一种密绕于非磁性骨架上的螺线管，如图 4-1 所示。空心线圈不含铁心，具有很好的线性度。

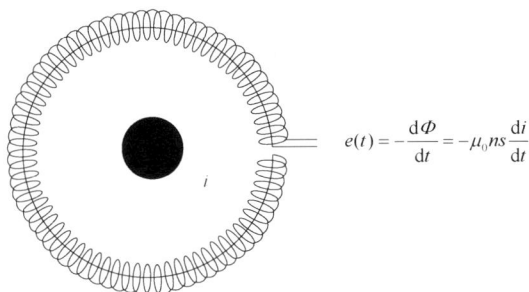

$$e(t) = -\frac{\mathrm{d}\Phi}{\mathrm{d}t} = -\mu_0 ns \frac{\mathrm{d}i}{\mathrm{d}t}$$

图 4-1　空心线圈

空心线圈的输出信号 e 与被测电流 i 有图中公式所示关系。

低功率线圈（LPCT）的工作原理与常规 TA 的原理相同，只是 LPCT 的输出功率要求很小，因此其铁心截面就较小。

电压互感器利用电容分压器测量电压。为提高电压测量的精度，改善电压测量的暂态特性，在电容分压器的输出端并接一精密小电阻。电容分压器的输出信号 U_0 与被测电压 U_i 关系如图 4-2 所示。

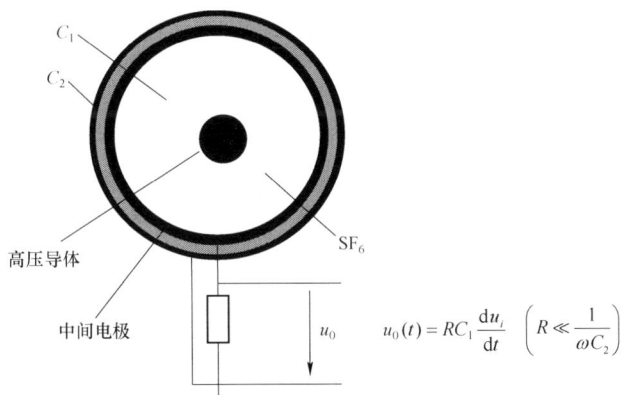

$$u_0(t) = RC_1 \frac{\mathrm{d}u_i}{\mathrm{d}t} \quad \left(R \ll \frac{1}{\omega C_2} \right)$$

图 4-2　电容分压器的输出信号 U_0 与被测电压 U_i 关系

图中 C_1 为高压电容，C_2 为低压电容。利用电子电路对电压传感器的输出信号进行积分变换，便可求得被测电压。

与有源式电子互感器相比，无源式电子互感器的传感模块利用光学原理，由纯光学器件构成，不含电子电路，其有着有源式无法比拟的电磁兼容性能。传感光纤利用法拉第磁光效应感应一次电流变化/利用泡克尔斯电光效应感应一次电压变化，将信息以光信号由光纤传输，无电信号传输，因此抗干扰能力强；光信号传输至远端电子单元转换成数字信号输出，结构灵活、简单，自检功能全面，维护方便。因其完全不采用传统的电磁感应元件，无磁饱和问题，互感器运行寿命容易保证。

3. 配置状况

110kV 及以上电压等级可采用电子式互感器，也可采用常规互感器（常规互感器＋就地采样合并单元）；66kV 及以下电压等级若采用户内开关柜保护测控下放布置时，宜采用常规互感器；双重化配置保护所采用的电子式互感器一、二次转换器及合并单元应双重化配置；对于保护用传感器输出信号，一次转换器应采用双 AD 采样，双 AD 采样信号均接入 MU，每个 MU 输出的两路数字采样值由同一通道进入一套保护装置。

（二）电流互感器宽频域在线监测

1. 应用分析

宽频域电压监测装置利用容性设备（主要在电流互感器上应用）末屏引下装置，在不改变电力设备一次接线方式的前提下，能够准确测量包括工频过电压、操作过电压及雷电过电压在内的全频域过电压，同时集成电流互感器末屏泄漏电流、相对介损及电容量与高频局部放电监测功能。在当前油浸式电流互感器绝缘故障频发且在线监测手段有限的前提下，该装置的应用对该类设备状态管控有重要的意义。

2. 检测原理

宽频域电压监测装置采用末屏电流反演的方式得到一次电压。容性设备在一次电压 U_1 的作用下，流过末屏接地线的电流为 I_1，在末屏接地线安装宽频带电流传感器，电流传感器实时感应电缆对地泄漏电流，并输出一个与对地泄漏电流成线性关系的二次电流信号 I_2。将二次电流信号 I_2 经过 I/V 转换，形成二次电压信号 U_2，经过积分器对二次电压信号进行信号还原，得到容性设备在一次电压 U_1。末屏泄漏电流、相对介损及电容量、高频局部放电监测与变压器套管一体化监测原理一致。

3. 技术分析及应用状况

宽频域电压监测装置属于非接触式装置，能实现宽频域范围监测，安全性能和测量有效性高。同时，告警策略不明确；基波电流易受干扰，仅通过设定阈值容易造成误告警和漏告警，装置整体现场可用性有待提升。

当前，宽频域电压监测装置已广泛运用于 220kV 变电站。装置测量周期为 5min，数据上传周期为 30min。告警分为一级、二级、三级。一级告警主要考虑工频电流、局部放电阈值，工频电流的初值增长率不超过 40%，局部放电量初值增长率不超过 50 倍。

第二节 数字化二次设备

智能化变电站采用先进、可靠、集成、低碳、环保的智能设备，以全站信息数字化、通信平台网络化、信息共享标准化为基本要求，自动完成信息采集、测量、控制、保护、计量和监测等基本功能，并可根据需要支持电网实时自动控制、智能调节、在线分析决策、协同互动等高级功能。智能化变电站由智能化一次设备和数字化二次设备分层构建，建立在 IEC 61850 通信规范基础上，能够实现变电站内智能电气设备间信息共享交互，如图 4-3 所示。

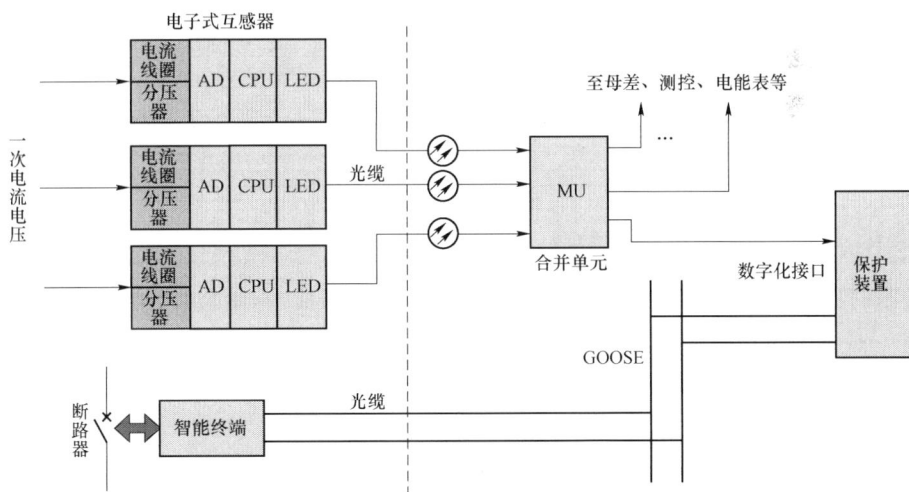

图 4-3 智能化变电站结构图

一、合并单元

（一）设备简介

合并单元（Merging Unit，MU）是针对数字化输出的电子式互感器而设计的，是数字化输出接口的重要组成部分。装置位于变电站的过程层，可采集传统电流、电压互感器的模拟量信号，及电子式电流、电压互感器的数字量信号，可以将采样值（SV）按照 IEC 61850 协议标准通过光纤、以太网等形式上送给间隔层的保护、测控、故障录波等装置，并可根据过程层智能终端发送过来的面向通用对象的变电站事件（GOOSE）或本装置就地采集开入值来判断隔离开关、断路器位置完成切换或并列功能；同时可以按照 IEC 61850 定义的 GOOSE 服务与间隔层的测控装置进行通信，将装置的运行状态、告警、遥信等信息上送。合并单元装置的基本应用框图如图 4-4 所示。

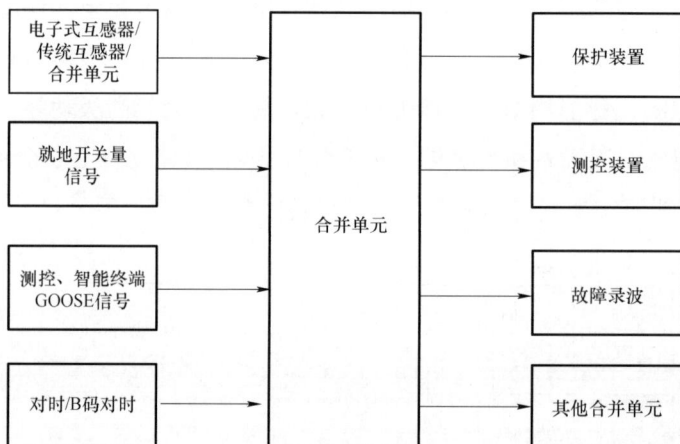

图 4-4　合并单元装置应用框图

（二）设备功能

典型合并单元包括三个功能模块，即同步功能、多路数据采集和处理功能、串口发送功能模块。

1. 同步功能模块

由于是基于数字量的通信，当保护装置需要多个合并单元提供的电流、电压信息时，必须解决合并单元之间的同步问题。为了解决内部晶振时钟提供的时钟信号并不十分准确，经过多个周期的累积，可能会造成相位误差和幅值误差逐渐扩大的问题，同步功能模块利用同步时钟源对其内部时钟进行校正控制，即每秒钟对数据采集处理模块进行一次同步对齐，从而保证变电站二次设备需要的各采样数据是在同一个时间点上获取。

2. 多路数据采集和处理功能模块

在合并单元给多路 A/D 转换器发送同步转换信号后，将同时接收电流、电压通道的输出数据并对其有效性进行校验。此外，合并单元还需要对这些数据进行正确排序并输出给串口发送功能模块。

3. 串口功能发送模块

该模块将各路采样值数据进行组帧并发送给保护、测量设备。

数字化合并单元装置的基本原理如图 4-5 所示，其中：检修压板及强制把手等硬开入信号通过开入插件接入，通过扩展转为数字信号接入 CPU 插件；电子互感器采集单元通过采集插件接入 CPU 插件；CPU 插件实现母线电压并列切换功能及同步功能；CPU 通过 SV 插件发送 SV（9-2）点对点数据至保护直采口；CPU 通过 FT3 插件发送 SV（FT3）点对点数据至间隔合并单元；CPU 自带以太网口，可接入过程层网络。

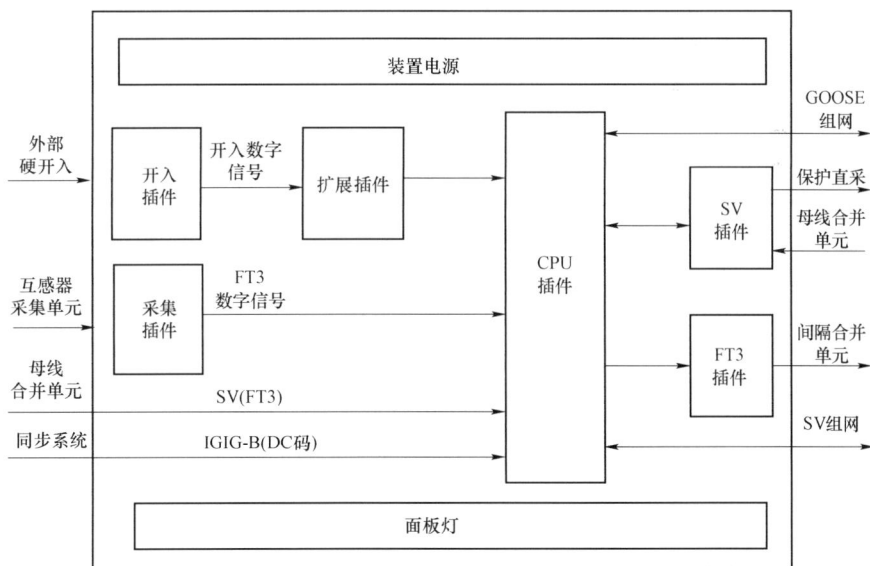

图 4-5　数字化合并单元装置的基本原理

（三）现场验收要点

合并单元型号、配置应正确，对时、网络通信应正常。

合并单元自启动或断电重启应自检正常，重启过程中，不应误输出、误发信。合并单元断电后，应发闭锁告警，接收设备应发出链路中断或异常、SV/GOOSE 断链告警。

合并单元输出数据格式应满足：① 合并单元宜采用 DL/T 860.92 规定的数据格式通过光纤以太网接口向保护、测控、计量、录波、PMU 等智能二次设备输出采样值；② 报文中采样值通道排列顺序应与 SCD 文件中配置相同，宜采用 AABBCC 顺序排列。

合并单元稳态精度应满足：① 合并单元采集的用于测量的交流模拟量幅值误差和相位误差应符合 GB/T 20840.7—2007 的 12.5 中 0.2 级及 GB/T 20840.8—2007 的 12.2 中 0.2 级的规定，用于保护的交流模拟量幅值误差和相位误差符合 GB/T 20840.7—2007 的 13.5 中 3P 及 GB/T 20840.8—2007 的 13.1.3 中 5P 或 5TPE 部分的规定；② 合并单元额定延时等参数在母线合并单元与间隔合并单元级联方式下测试，应不超过模拟量准确度的相位误差。

检验合并单元电压切换及并列功能要求：① 分合母线隔离开关，合并单元电压切换动作逻辑应正确；② 在母线合并单元上分别施加不同幅值的两段母线电压，分合断路器及隔离开关，切换相应把手，各种并列情况下合并单元的并列动作逻辑应正确；③ 合并单元在进行母线电压切换或并列时，应不出现通信中断、丢包、品质输出异常改变等异常现象。

（四）检修维护

1. 型号、配置、功能检查

型号与设计一致、提供足够的输入与输出接口，输入与输出接口标识清楚。铭牌内容正确且安装完好。极性标识正确，与实际一致。合并单元发送 SV 报文检修品质应能正确反映合并单元装置检修压板的投退。应有完善的闭锁告警功能，应能保证在电源中断（关闭电源）、电压异常、采集单元异常、通信中断、通信异常、装置内部异常等情况下不误输出。

2. 采样检查

合并单元零漂误差应在装置技术参数允许范围内。合并单元输入额定交流模拟量时，合并单元输出数值的精度、线性度、相角差满足技术要求。合并单元输入交流模拟量时，合并单元传输延时应稳定且准确。合并单元双 A/D 采样值检查。交流量输入对应关系检查，在合并单元输入端加入三相不平衡交流电流（电压），检查对应装置显示正确；后台操作 SV 软压板，确定 SV 软压板命名正确；断开 SV 尾纤，检查 SV 断链告警正确。采样报文通道延时测试，包括 MU 级联条件下的测试允许范围内。合并单元在外部时钟丢失在 10min 内守时误差小于 4μs。装置电源功能重启合并单元电源中断与恢复过程中，采样值不误输出。

3. 电压并列及切换检查

合并单元的电压并列逻辑应与说明书一致，并列功能正确。合并单元的电压切换逻辑应与说明书一致，自动切换功能正确。电压切换及并列后，相关保护测量正确，无异常现象。采样值同步性能检验。装置告警功能检验包括：① 开关量异常告警功能检验；② 采样数据无效告警功能检验；③ 采集器至合并单元光路故障告警功能检验；④ 合并单元电路故障告警功能检验。

（五）异常缺陷处理

1. 异常信号

常见的合并单元异常信号如表 4-1 所示。

表 4-1　　　　　　　　　　　合并单元异常信号一览表

设备	故障信号
母线合并单元	装置故障：装置故障（硬触点）、装置自检异常
	装置异常：运行异常（硬触点）、运行异常、遥信电源消失
	电压并列异常：电压并列异常、把手强制信号状态异常
	SV 总告警：SV 配置错误、SV 链路中断、SV 数据异常、SV 检修不一致、采样异常、MU 发送品质无效
	GOOSE 总告警：GOOSE 检修不一致、GOOSE 配置错误、GOOSE 链路中断、GOOSE 数据异常
	同步异常：同步信号中断、对时异常、失步

设备	故障信号
线路合并单元	装置故障：装置故障（硬触点）、装置自检异常
	装置异常：运行异常（硬触点）、运行异常、遥信电源消失
	SV 总告警：SV 配置错误、SV 链路中断、SV 数据异常、SV 检修不一致、采样异常、MU 发送品质无效、MU 接收品质无效
	GOOSE 总告警：GOOSE 检修不一致、GOOSE 总告警、GOOSE 配置错误、GOOSE 链路中断、GOOSE 数据异常
	电压切换异常：TV 切换同时动作、TV 切换同时返回、隔离开关位置异常
	同步异常：同步信号中断、对时异常

2. 异常缺陷处理

（1）装置失电。

1）故障现象：合并单元与其他装置 SV 通信中断，面板信号灯全灭。

2）可能原因：

a. 装置电源板故障；

b. 装置直流空开故障。

3）检查分析：

a. 检查后台，确认是否有装置故障（失电）告警信号，若无，则用万用表测量装置电源空气开关与装置电源板各处直流电压值；

b. 若空气开关上、下端直流电压不一致，则空气开关故障；

c. 若装置电源端子上直流电压值正常，则确认为装置电源板故障。

4）消缺及验证：

a. 装置故障，则需更换电源板，更换后做电源模块试验，并检查所有与合并单元相关的链路通信正常；

b. 空气开关故障，更换后确认装置正常启动。

（2）装置闭锁。

1）故障现象：合并单元发"装置异常"信号至监控后台，面板"告警"红灯亮。

2）可能原因：装置硬件故障或软件故障。

3）检查分析：检查监控后台，确认和其通信的装置均报通信中断，再检查装置运行灯灭，告警灯点亮。

4）消缺及验证：装置异常，由厂家检查确认故障原因，检查所有与合并单元相关的链路通信正常；若开入、开出板故障，更换后验证二次回路正常；若程序升级或更换 CPU 板，更换后需进行完整的合并单元测试。投运时，需做带负荷试验验证。

（3）SV 总告警。

1）故障现象：装置发"SV 总告警"信号至后台，面板"告警"红灯亮。

2）可能原因：软件原因、CPU 板故障。

3）检查分析：

a. 检查监控后台，若合并单元有异常信号或多套与该合并单元相关的保护装置有 SV 断链信号，则初步判断为合并单元故障；

b. 检查合并单元，用工具在合并单元 SV 发送端抓包，如果抓到的合并单元报文均为无效或抓不到报文，则确认合并单元故障。

4）消缺及验证：合并单元故障，若程序升级或更换 CPU 板，应检查所有与合并单元相关的链路通信正常，并进行完整的合并单元测试。投运时，需做带负荷试验验证。

（4）对时异常。

1）故障现象：装置发"对时异常"信号至后台，面板"同步"红灯亮。

2）可能原因：

a. GPS 对时装置原因；

b. 对时光纤或熔接口故障；

c. 合并单元的对时模件故障［对应的线路（主变）、母差保护改信号］。

3）检查分析：

a. 检查后台，若有多台装置同时报失步信号，则可能是 GPS 装置出现故障；

b. 如果只有本装置报失步信号，则检查 GPS 对时光纤是否完好，光纤衰耗、光功率是否正常，若异常，则判断光纤或熔接口故障；

c. 如果更换备用光纤或重新熔接检测正常后仍不能对时正常，需要更换对时模件。

4）消缺及验证：

a. 若 GPS 对时装置故障，则更换 GPS 装置，更换后查看全所装置对时信号；

b. 光纤或熔接口故障，则更换备芯或重新熔接光纤，更换后测试光功率正常，链路中断恢复；

c. 若合并单元故障，则更换对时板件，更换后对时信号正常，并进行守时测试。

（5）合并单元接收智能终端 GOOSE 链路中断。

1）故障现象：装置发"GOOSE 链路中断"信号至后台。

2）可能原因：

a. 合并单元故障：软件运行异常、CPU 插件故障、GOOSE 插件；

b. 智能终端故障：软件运行异常、电源插件、CPU 插件故障、GOOSE 插件；

c. 交换机故障；

d. 光纤回路故障。

3）检查分析：检查监控后台，确认与其通信的装置均报通信中断，再检查装置运行灯灭，告警灯点亮。

4）初步故障定位：

a. 检查后台信号，确定此智能终端该 GOOSE 的其他接收方（母差、测控、网分、录波等）通信正常，若只有合并单元装置有 GOOSE 中断信号，则初步判断为交换机与合并单元通信故障；若组网接收此 GOOSE 信号的装置都报此中断信号，则初步判断为智能终端与交换机通信故障或智能终端故障。

b. 在间隔合并单元 GOOSE 接收端光纤处抓包，若报文正常则间隔合并单元故障。首先检查光纤是否完好，光纤衰耗、光功率是否正常，若异常，则判断光纤或熔接口或交换机故障；若光纤各参数正常，在智能终端发送端光纤处抓包，若报文异常则智能终端故障。

5）消缺及验证：

a. 合并单元故障，若 GOOSE 插件故障，更换后试验 GOOSE 开入、开出功能；若程序升级或更换 CPU 板，检查所有与合并单元相关的链路通信正常及相关保护的采样值正常，更换后进行完整的合并单元测试。

b. 智能终端故障，则程序升级或更换板件，若电源板故障，更换后做电源模块试验；若 GOOSE 插件故障，更换后对 GOOSE 开入开出功能进行试验；若程序升级或更换 CPU 板，更换后进行完整的智能终端测试。

c. 交换机故障，参照交换机故障处理。

d. 光纤回路问题：更换备用光纤或光模块，检查链路通信正常，并进行光功率测试。

（6）接收母线合并单元 SV 中断。

1）故障现象：装置发"SV 采样链路中断"信号至后台。

2）可能原因：

a. 母线合并单元：软件原因、CPU 板件故障、电源板件故障、通信板件故障、其他插件故障；

b. 线路合并单元：软件原因、CPU 板件故障、通信板件故障、其他插件故障；

c. 光纤回路故障。

3）检查分析：

a. 查看后台告警信号，若多个合并单元都与母线合并单元链路断链或母线合并单元本身有异常信号上送，可初步判断为母线合并单元故障；

b. 若母线合并单元正常，检查级联光纤是否完好，光纤衰耗、光功率是否正常，若异常，则判断光纤或熔接口故障；

c. 在母线合并单元处抓包，若无报文或报文异常（如 mac、appid、svid、数据通道数等错误），可判断为母线合并单元故障；

d. 在线路合并单元接收光纤处抓包，若报文正常，可判断为线路合并单元故障。

4）消缺及验证：

a. 母线合并单元故障：若电源板故障，更换后做电源模块试验，并检查所有与母线合并单元相关的链路通信正常及采样正常；若程序升级或更换 CPU 板、通信板，更换后进行完整的合并单元测试；若其他插件故障，更换后测试该插件的功能。

b. 线路合并单元故障：若程序升级或更换 CPU 板、通信板，更换后进行完整的合并单元功能测试；若其他插件故障，更换后测试该插件的功能。

c. 光纤回路故障，则更换备用光纤或光模块，检查链路通信正常，并进行光功率测试。

（7）电压切换异常信号。

1）故障现象：后台报"合并单元电压切换异常"信号。

2）可能原因：

a. 闸刀问题：辅助触点或二次回路问题；

b. 智能终端故障：GOOSE 插件故障（参照第四章第二节）。

3）检查分析：

a. 检查后台智能终端隔离开关 1、隔离开关 2 位置，是否有无效、同时为分位现象，如有，则需检查一次隔离开关位置是否正常；

b. 若隔离开关位置正常，在网络分析仪上检查智能终端发送的报文是否正确，如不正确，则检查二次回路中隔离开关强电开入是否正确；

c. 如强电开入电位正确则智能终端 GOOSE 插件故障，若不正确，则辅助触点或二次回路出现问题。

4）消缺及验证：智能终端 DI 板故障：更换端子或整块插件，更换后对该插件上的 DI 回路重新进行验证。

二、智能终端

（一）设备简介

智能终端是一种智能组件，与一次设备采用电缆连接，与保护、测控等二次设备采用光纤连接，实现对一次设备（如断路器、隔离开关、主变压器等）的测量、控制等功能，能够实现一次设备和间隔层二次设备的数据通信，完成断路器、隔离开关、接地开关等位置信息的采集；完成断路器、隔离开关、接地开关等的分合控制；集成断路器操作回路等。智能终端装置在变电站中应用框图如图 4-6 所示。

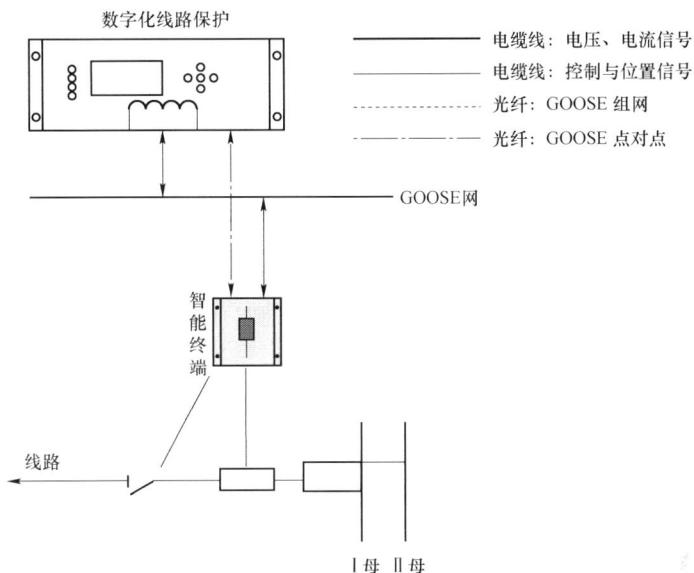

图4-6 智能终端在变电站中应用框图

（二）设备功能

智能终端根据控制对象不同可分为断路器智能终端和变压器本体智能终端两类。

断路器智能终端可分为分相智能终端和三相智能终端。分相智能终端适用于 220kV 及以上电压等级的分相机构控制断路器；三相智能终端适用于 110kV 及以下电压等级的三相机构控制断路器，也可用于控制母线隔离开关，当用于控制母线隔离开关时简称母线智能终端。

变压器本体智能终端可分为分相本体智能终端和三相本体智能终端。分相本体智能终端可与 220kV 及以上电压等级需要分相非电量保护的变压器或高压并联电抗器配合使用；三相本体智能终端可与 220kV 及以下电压等级不分相或电抗器配合使用。

（1）断路器智能终端的主要功能包括：① 采集断路器位置、隔离开关位置等一次设备的开关量信息，以 GOOSE 通信方式上送给保护、测控等二次设备；② 接收和处理保护、测控装置下发的 GOOSE 命令，对断路器、隔离开关和接地开关等一次开关设备进行分合操作；③ 断路器手跳、手合和直跳功能；④ 控制回路断线监视功能，实时监视断路器跳合闸回路的完好性；⑤ 闭锁重合闸功能，可根据遥跳、遥合、手跳、手合、非电量跳闸、保护永跳、GOOSE 闭锁重合闸命令、闭锁重合闸开入等信号合成闭锁重合闸信号，并通过 GOOSE 通信上送给重合闸装置；⑥ 环境温度和湿度的测量功能。

（2）变压器本体智能终端的主要功能包括：① 采集一次设备的状态信息，包括中性点接地开关位置、主变分接头档位、非电量动作信号等，通过 GOOSE 上送给保护、测控等二次设备；② 接收和处理保护、测控装置下发的 GOOSE 命令，完成启动风冷、接地开关分合操作、主变分接头调档等功能，并提供闭锁调压、启动充氮灭火等出口接点；③ 非电量保护功能，所有非电量保护启动信号均经大功率继电器重动，且具备抗 220V 工频交流串扰能力；④ 环境温湿度、主变压器本体油面温度和绕组温度等的测量功能。

（3）智能终端装置通用功能。

1）日志功能：智能终端应具备 GOOSE 命令记录功能，记录收到 GOOSE 命令时刻、GOOSE 命令来源及出口动作时刻等内容，硬接点开入的时刻、变位通道，等等。

2）调试功能：智能终端应具备调试口，通过调试口可以查看智能终端当前的运行情况，并对智能终端进行配置。

3）告警功能：智能终端应具有完善的告警功能，针对：控制回路断线、电源中断、通信异常、GOOSE 断链、装置内部异常、对时时钟源异常、开入电源失电等发出告警信号。

4）对时功能：装置应具有与外部标准授时源的对时接口，对时方式宜为光 IRIG-B（DC）码或 IEC 61588。

5）智能终端检修功能：检修压板投入后，装置上送所有 GOOSE 报文的品质及 GOOSE 帧头中的测试位 Test 置位；装置将接收的 GOOSE 报文中的 Test 位与装置自身的检修压板状态进行比较，只有两者一致时才能进行有效动作。当二者不一致时，智能终端应不动作。

智能终端硬件结构如图 4-7 所示。

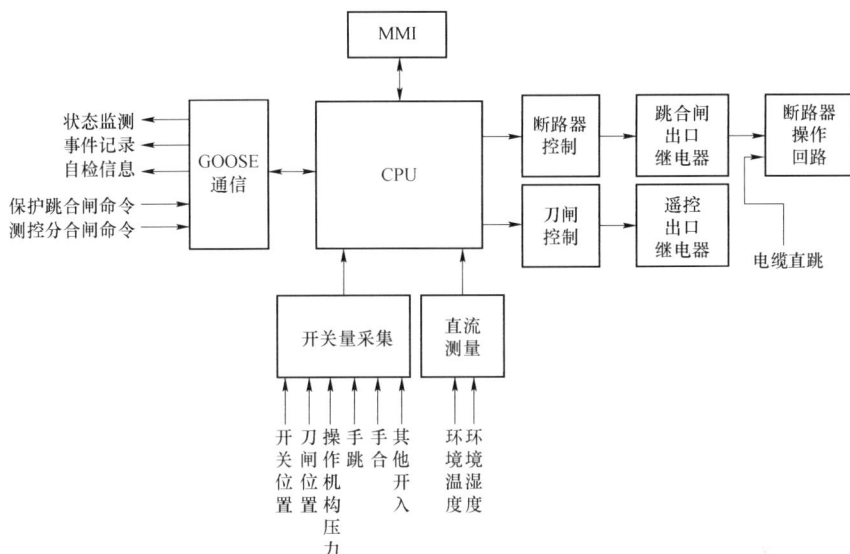

图 4-7 智能终端硬件结构图

（三）现场验收要点

智能终端型号、配置应正确，对时、网络通信应正常。智能终端自启动、或断电重启应自检正常，重启过程中，不应误输出、误发信。智能终端断电后，应发出闭锁告警，接收设备应发出链路中断或异常、GOOSE 断链告警。

智能终端断路器分相位置、隔离开关位置应采用 GOOSE 双点位置。遥合（手合）、低气压闭锁重合等其他遥信信息应采用 GOOSE 单点位置。模拟智能终端 GOOSE 单帧跳闸指令，智能终端应能正确跳闸。模拟智能终端跳闸出口，记录自收到 GOOSE 命令到出口继电器触点动作的时间，应不大于 5ms。

双重化配置的两套保护，跳闸回路应与两个智能终端一一对应，两个智能终端应与断路器的两个跳闸线圈一一对应。线路间隔第二套智能终端合闸出口触点应并入第一套智能终端合闸回路，当第一套智能终端控制电源未消失时，第二套智能终端应能正常合闸。若断路器仅有一个跳闸线圈，则两套智能终端应同时作用于该跳闸线圈。

断路器智能终端应具有跳合闸自保持功能。本套智能终端重合闸闭锁逻辑应为遥合（手合）、遥跳（手跳）、TJR、TJF、闭重开入、本智能终端上电的"或"逻辑。双重化配置智能终端时，应具有输出至另一套智能终端的闭锁重合闸触点（简称闭重触点），逻辑应为遥合（手合）、遥跳（手跳）、保护闭锁重合闸、TJR、TJF的"或"逻辑。智能终端面板上断路器、隔离开关等指示灯位置显示应正确。在保护跳合闸、遥控命令动作后，查看智能终端面板相应指示灯应点亮，控制命令结束后面板指示灯仅能通过手动或遥控复归。

模拟GOOSE链路中断，查看装置面板告警指示灯点亮，同时应发送相对应GOOSE断链告警报文。智能终端时间同步信号丢失或失步，应发GOOSE告警报文。智能终端应具备记录输入、输出相关信息的功能。智能终端应以遥信方式转发收到的跳合闸命令。智能终端不应设置防跳功能，防跳功能由断路器本体实现。

主变本体智能终端应包含完整的变压器、高压并联电抗器本体信息交互功能（非电量动作报文、调档及测温等），并可提供用于闭锁调压、启动风冷、启动充氮灭火等出口触点，同时还应具备就地非电量保护功能，涉及跳闸的非电量保护启动信号均应经大功率继电器重动，非电量保护跳闸通过控制电缆以直跳方式实现。智能终端从开入变位到相应GOOSE信号发出（不含防抖时间）的时间延时应不大于5ms。主变低压侧智能终端、合并单元或合并单元智能终端集成装置宜独立组屏。智能终端宜选用与对应保护装置同厂家的产品。合智一体装置的智能终端部分应按照本节标准验收。

（四）检修维护

1. 型号、配置、功能检查

型号与设计一致，提供足够的输入与输出接口，输入与输出接口标识清楚。铭牌内容正确且安装完好。两套智能终端失电告警、重合闸联闭锁回路正确。检修功能检验：智能终端投入检修后，只执行带检修位的接收GOOSE命令；智能终端投入检修后，发送的所有GOOSE报文检修位置"1"。装置发送端功率、接受端功率满足规范要求。

2. 智能终端开关量试验

开入量检验，GOOSE开入量动作正确。开出量检查，包括断路器/母联开关遥控分合、可控隔离开关遥控分合、GOOSE开出量动作正确。

3. 智能终端GOOSE通信试验

（1）GOOSE中断告警功能检查：GOOSE链路中断应点亮面板告警指示

灯，同时发 GOOSE 断链告警报文。

（2）GOOSE 配置文本检查：GOOSE 控制块路径、生存时间、数据集路径、配置版本号等配置正确。

（3）智能终端动作时间检验：智能终端从收到 GOOSE 命令至出口继电器触点动作时间应不大于 7ms。

（4）GOOSE 控制命令记录功能检查：应记录收到 GOOSE 命令时刻、GOOSE 命令来源及出口动作时刻等内容。

4. 与其他层设备的互联检验

与间隔层设备的互联通信正常，通信无丢帧现象。传动试验正确。断路器就地分/合闸传动（对分相操作断路器，应逐相传动），动作正确。主变本体智能终端宜集成非电量保护功能，由于多数非电量信号会直接启动跳闸（通过电缆直跳或 GOOSE 跳闸方式），故要求非电量信号除了采用强电采集外，还应经过大功率继电器启动，其动作功率不宜小于 5W，以保证信号的准确性。

（五）异常缺陷处理

1. 异常信号

常见的合并单元异常信号见表 4-2。

表 4-2　　　　　　　　　　智能终端异常信号一览表

装置	异常信号
智能终端	硬接点：装置失电、装置闭锁
	控制回路断线
	逻辑设备 X 掉线（GOOSE 接收断链信号，10 个）

2. 异常缺陷处理

（1）装置失电。

1）故障现象：智能终端与其他装置通信中断，面板信号灯全灭。

2）可能原因：

a. 装置电源板故障；

b. 装置直流空气开关故障。

3）检查分析：

a. 检查后台，确认是否有装置故障（失电）告警信号，若无，则用万用表测量装置电源空气开关与装置电源板各处直流电压值；

b. 若空气开关上、下端直流电压不一致，则空气开关故障；

c. 若装置电源端子上直流电压值正常，则确认为装置电源板故障。

4）消缺及验证：

a. 装置故障，则需更换电源板，更换后做电源模块试验，并检查所有与合并单元相关的链路通信正常；

b. 空气开关故障，更换后确认装置正常启动。

（2）装置闭锁。

1）故障现象：智能终端发"装置异常"信号至监控后台，装置本身"装置告警"红灯亮。

2）可能原因：装置硬件故障或软件故障。

3）检查分析：检查监控后台，确认与其通信的装置均报通信中断，再检查装置运行灯灭，告警灯点亮。

4）消缺及验证：装置异常，由厂家检查确认故障原因，检查所有与智能终端相关的链路通信正常；若开入、开出板故障，更换后验证二次回路正常；若程序升级或更换 CPU 板，更换后需进行完整的智能终端测试。

（3）控制回路断线。

1）故障现象：后台报"控制回路断线"信号，装置面板该信号灯亮。

2）可能原因：

a）空气开关故障；

b）二次电缆回路：接线松动、脱落、绝缘、接地等。

3）检查分析：

a. 检查后台，确认是否有直流异常告警信号；如无则初步确认为控制电源异常。

b. 检查控制电源空气开关是否跳闸；如空气开关正常，则检查空气开关上下端直流值是否正常；上端异常则检查外部直流电缆回路直至直流屏，下端异常则判断为空气开关故障。

c. 若空气开关正常，则初步判断为操作回路出现异常。

d. 检查端子排跳合位监视回路电位是否正确，对电位不正确的回路进行检查。

4）消缺及验证：

a. 空气开关故障：更换空气开关，确认直流值正确、控制回路失电信号返回。

b. 二次电缆回路故障：检查二次回路，消除缺陷后确认直流值正确、控制回路失电信号返回。

（4）链路中断。

1）故障现象：后台 GOOSE 二维表报该套智能终端 GOOSE 中断，智能终端面板 GOOSE 异常灯亮。

2）可能原因：

a. 保护装置：死机、GOOSE 发送板异常、光口损坏、光口衰耗过大等。

b. 智能终端：GOOSE 接收板异常、光口损坏、光口衰耗过大等。

c. 光纤：折断等。

d. SCD 配置：连线错误、光口配置错误、漏配等。

3）检查分析：

a. 检查后台 GOOSE 二维表，确认引起链路中断的保护为线路（主变）保护还是母线保护。

b. 如果引起链路中断的保护为线路（主变）保护，则在线路（主变）保护 GOOSE 光纤发送处抓包。如果抓包的数据错误，则为线路（主变）保护发送光口异常；如果抓包的数据正确，则在智能终端 GOOSE 光纤接收处抓包，如果抓包的数据错误，则判断光纤异常，如果抓包的数据正确，则判断智能终端出现异常。

c. 如果引起链路中断的保护为母线保护，则在母线保护 GOOSE 光纤发送处抓包。如果抓包的数据错误，则为母线保护发送光口异常；如果抓包的数据正确，则在智能终端 GOOSE 光纤接收处抓包，如果抓包的数据错误，则判断光纤异常，如果抓包的数据正确，则判断智能终端出现异常。

d. 检测该智能终端 GOOSE 的接收配置和保护装置的发送配置，判断 GOOSE 报文的配置是否正确。

4）消缺及验证：

a. 保护装置故障：先重启保护装置，检测光口衰耗，更换光口，更换 GOOSE 发送板。

b. 智能终端故障：先检测光口衰耗，更换光口，更换 GOOSE 接收板。

c. 光纤是否完好、松动等，更换备用芯。

d. 查看 SCD 连线是否正确，更改报文配置，更改光口设置。

三、继电保护装置

（一）设备简介

继电保护装置是当电力系统中的电力元件（如发电机、变压器、线路等）或电力系统本身发生了故障危及电力系统安全运行时，能够向运行值班人员及时发出警告信号，或者直接向所控制的断路器发出跳闸命令，以终止这些事件发展的一种自动化措施和设备。用于保护电力元件的成套硬件设备，通称为继电保护装置。

供电系统发生故障时，会引起电流增大、电压降低、电压和电流间相位角的改变等，因此，利用上述物理量故障时与正常时的差别，可构成各种不同工作原理的继电保护装置。但其构成基本相同，主要由测量、逻辑和执行三部分组成，如图 4-8 所示。测量部分测量被保护设备的某物理量，与保护装置的整定值进行比较，判断被保护设备是否发生故障，保护装置是否应该启动；逻辑部分根据测量部分输出量的大小、性质、出现的顺序，使保护装置按一定的逻辑关系工作，输出信号到执行部分；执行部分根据逻辑部分的输出信号驱动保护装置动作，使断路器跳闸或发出信号。

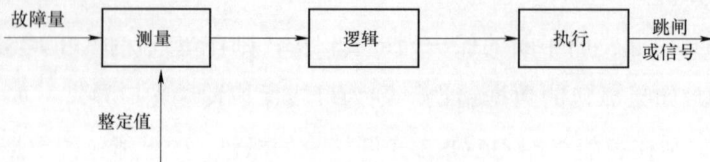

图 4-8　继电保护构成框图

（二）设备功能

1. 继电保护装置的基本功能

（1）自动、巡视、有选择性地将故障元件从电力系统中切除，使故障元件免于继续遭到破坏，并保证其他无故障元件迅速恢复正常运行。

（2）正确反映电气设备的不正常运行状态，并根据不正常运行情况的种类和电气元件维护条件。发出预告信号，由运行人员进行处理或自动地进行调整或将那些继续运行会引起事故的电气元件予以切除。反应不正常运行情况的继电保护装置允许带有一定的延时动作。

（3）继电保护装置还可以与电力系统安全自动装置（如自动重合闸装置、备用电源自动投入装置等）配合，在条件允许时采取预定措施，缩短事故停电时间，尽快恢复供电，从而提高供电系统的供电可靠性。

2. 对继电保护装置功能的基本要求

继电保护装置功能应满足"四性"，即选择性、速动性、灵敏性、可靠性。选择性指系统发生故障后，保护装置应能首先断开离故障点最近的断路器，切除故障部分，从而使停电范围尽量缩小；速动性是指故障发生后，保护装置尽可能快地动作，避免发展成更大的故障；灵敏性是指在保护范围内发生故障时，能灵敏地反应，通常用灵敏系数 K_{lm} 衡量；可靠性是对继电保护最基本的性能要求，要求装置元件及其接线随时处于良好状态，不误动，不拒动。

继电保护按照保护实现方式可分为传统保护和微机保护；按照保护对象可分为线路保护、变压器保护、母线保护、发电机保护、电容器保护、电抗器保护等；按照保护原理可分为过电流保护原理、阻抗（距离）保护原理、纵联保护原理、横联差动保护原理、气体保护原理。智能站线路保护原理如图 4-9 所示。

（三）现场验收要点

继电保护装置及功能配置应符合 GB/T 14285、GB/T 15145、GB/T 14598.300 和 DL/T 478、DL/T 670 的有关要求。

双重化配置的线路、变压器、母线、高压电抗器等保护装置应采用不同生产厂家的产品。

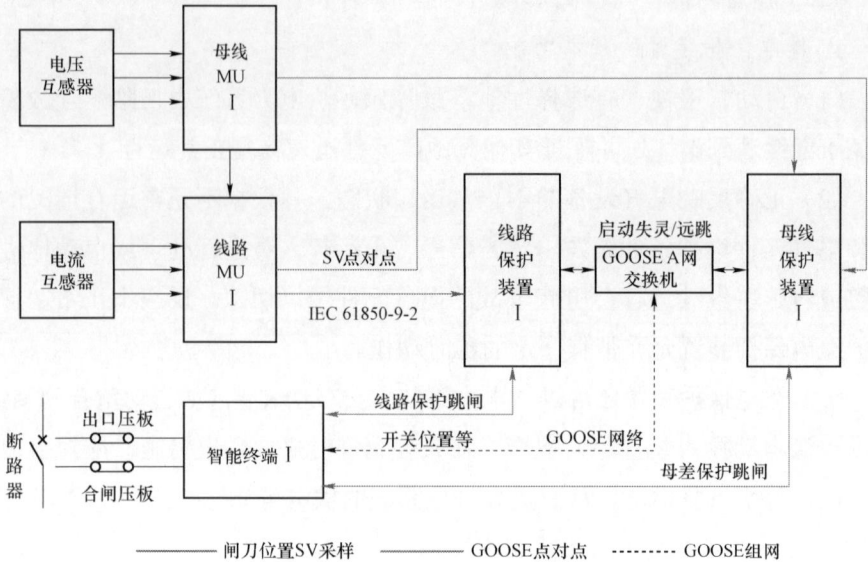

图 4-9 智能站线路保护原理图

1000kV 变电站内的 110kV 母线保护宜按双套配置，330kV 变电站内的 110kV 母线保护宜按双套配置。

对 220kV 及以上电压等级电网、110kV 变压器、110kV 主网（环网）线路（母联）的保护和测控，以及 330kV 变电站的 110kV 电压等级保护和测控，应配置独立的保护装置和测控装置。

除母线保护、变压器保护外，不同间隔设备的主保护功能不应集成。

110（66）kV 及以上电压等级的母联、分段断路器应按断路器配置专用的、具备瞬时和延时跳闸功能的过电流保护装置。

继电保护装置绝缘电阻应满足 DL/T 995 要求，阻值应大于 20mΩ。

继电保护装置上电后应能正常工作，装置软件版本号、校验码等信息应正确。

拉合继电保护装置直流开关，装置逆变电源应可靠启动，各级输出电压值应正常。

对所有引入端子排的开关量输入回路依次加入激励量，接通、断开压板或连片及转动把手，继电保护装置应能正确反映状态变化。

继电保护装置所有输出触点及输出信号的通断状态，应符合装置的动作逻辑。

继电保护装置零点漂移及电流、电压输入的幅值和相位测量精度应符合DL/T 478 的规定。

同一线路两侧纵联保护装置软件版本应保证其对应关系。

复用通信通道的光电装换装置告警触点不应引出，通道告警功能应由继电保护装置自行引出实现。

继电保护装置定值输入、通过数据通信口读写数据、与监控后台和继电保护故障信息系统子站通信等功能应正常。

模拟各种类型的故障，检查继电保护装置逻辑功能，其动作行为应正确。

依据给定的整定值对继电保护装置各有关元件的动作值及动作时间进行试验，其误差应在规定的范围内。

模拟直流失压、交流回路断线、硬件故障等各种异常情况，继电保护装置应能正确报警。

继电保护装置告警记录、动作记录和故障录波应正确，装置告警和录波的保存容量应符合装置技术参数要求。

保护装置时钟应与授时系统一致，且不应依赖外部对时系统实现其保护功能。当失去直流电源时，装置内部时钟应能正常工作，时间精度应能满足相关标准要求。

全站继电保护装置宜具备上送时钟当时值的功能，用于厂站时间同步监测管理。装置时钟同步信号异常后，应发告警信号。

主控室内继电保护装置宜采用直流 IRIG－B 码对时；就地布置的继电保护装置、合并单元和智能终端宜采用光纤 IRIG－B 码对时。采用光纤 IRIG－B 码对时方式时，宜采用 ST 接口；采用直流 IRIG－B 码对时方式时，通信介质应为屏蔽双绞线。

继电保护装置软压板名称、投退及远方切换定值区功能应正确。远方投退重合闸、备自投应具备"双确认"指示，即软压板遥信状态和重合闸、备自投充电状态。

继电保护装置召唤定值、动作报告、软压板状态打印功能应正确。

继电保护装置应设置打印机接口，打印波特率默认宜为 19200，按设计要求对装置单体或网络打印功能进行验收。网络打印机打印的内容、格式应与装置就地打印的内容、格式完全相同。采用移动式打印机时，每个继电器小室宜配置 1～2 台。

智能站继电保护装置压板设置应满足以下要求：

1）装置只设"远方操作"和"保护检修状态"硬压板，功能投退不设硬压板；

2）"远方投退压板""远方切换定值区"和"远方修改定值"只设软压板，只能在装置本地操作，三者功能相互独立，分别与"远方操作"硬压板采用"与门"逻辑。当"远方操作"硬压板投入后，上述三个软压板远方功能才有效。

3）装置的软压板设置应符合 Q/GDW 1161、Q/GDW 1175、Q/GDW 1766 和 Q/GDW 1767 标准要求。

4）装置"检修状态"只设硬压板，当该压板投入时，装置报文上送带品质位信息。"检修状态"硬压板遥信不置检修标志。仅在检修压板投入时才可下装配置文件，下装时应闭锁本装置。

智能站继电保护装置光口功率应满足以下要求：

1）光波长 1310 nm 光接口应满足光发送功率：-20～-14dBm；光波长 850 nm 光接口应满足光发送功率：-19～-10dBm（百兆口）或 -9.5～-3dBm（千兆口）。

2）光波长 1310nm 光接口应满足光接收灵敏度：-31～-14dBm；光波长 850 nm 光接口应满足光接收灵敏度：-24～-10dBm（百兆口）或 -17～-3dBm（千兆口）。

智能站继电保护装置宜具备光口的接收功率、装置的直流电压、装置温度、光口接收功率越下限告警、光口接收功率越上限告警、光口发送功率越下限告警等信息上送功能。

智能站站控层设备读取继电保护装置录波文件列表时，应带文件路径，该路径以装置文件所在路径为准，宜为 COMTRADE 格式。

智能站继电保护装置采样值通信配置、虚端子连接应与 SCD 文件一致；

SV 投入压板应与输入的电流电压支路对应，不一致时装置应报采样异常告警，同时闭锁保护相关功能。

智能站继电保护装置 GOOSE 虚端子开入、开出应与 SCD 文件一致；GOOSE 虚端子输出在 SCD 文件的发送数据集 DOIDescription 中应有明确回路定义；GOOSE 断链、不一致条件下，装置应显示对应告警信息，同时上送对应告警报文。

智能站继电保护装置站控层报文应与 SCD 配置文件一致，装置通信对点功能正确。

（三）检修维护

1. 直流逆变电源性能检查

（1）正常工作状态下检验：装置正常工作。

（2）110%额定工作电源下检验：装置稳定工作。

（3）80%额定工作电源下检验：装置稳定工作。

（4）电源自启动试验：合上直流电源插件上的电源开关，将试验直流电源由零缓慢调至80%额定电源值，此时装置运行灯应燃亮，装置无异常。

（5）直流电源拉合试验：在 80%直流电源额定电压下拉合三次直流工作电源，逆变电源可靠启动，保护装置不误动，不误发信号。

（6）装置断电恢复过程中无异常，通电后工作稳定正常。

（7）在装置上电掉电瞬间，装置不应发异常数据，保护不应误动作。

2. 交流量精度检查

（1）零点漂移检查：模拟量输入的保护装置零点漂移应满足装置技术条件的要求。

（2）各电流、电压输入的幅值和相位精度检验：检查各通道采样值的幅值、相角和频率的精度误差，满足技术条件的要求。

（3）同步性能测试：检查保护装置对不同间隔电流、电压信号的同步采样性能，满足技术条件的要求。

3. 采样值品质位无效测试

（1）采样值无效标识累计数量或无效频率超过保护允许范围，可能误动的保护功能应瞬时可靠闭锁，与该异常无关的保护功能应正常投入，采样值恢复正常后被闭锁的保护功能应及时开放。

（2）采样值数据标识异常应有相应的掉电不丢失的统计信息，装置应采用瞬时闭锁延时报警方式。

4. 采样值畸变测试

保护双 A/D 采样情况下，一路采样值畸变时，保护装置不应误动作，同时发告警信号。

5. 通信断续测试

（1）合并单元与保护装置之间的通信断续测试。

1）合并单元与保护装置之间 SV 通信中断后，保护装置应可靠闭锁，保护装置液晶面板应提示"SV 通信中断"且告警灯亮。

2）在通信恢复后，保护功能应恢复正常，保护区内故障时保护装置可靠动作并发送跳闸报文，区外故障时保护装置不应误动，保护装置液晶面板的"SV 通信中断"报警消失。

（2）智能终端与保护装置之间的通信断续测试。

1）保护装置与智能终端的 GOOSE 通信中断后，保护装置不应误动作，保护装置液晶面板应提示"GOOSE 通信中断"且告警灯亮。

2）当保护装置与智能终端的 GOOSE 通信恢复后，保护装置不应误动作，保护装置液晶面板的"GOOSE 通信中断"消失。

6. 采样值传输异常测试

采样值传输异常导致保护装置接收采样值通信延时、合并单元间采样序号不连续、采样值错序及采样值丢失数量超过保护设定范围，相应保护功能应可靠闭锁，以上异常未超出保护设定范围或恢复正常后，保护区内故障保护装置应可靠动作并发送跳闸报文，区外故障则保护装置不应误动。

7. 检修状态测试

（1）保护装置输出报文的检修品质应能正确反映保护装置检修连接片的投退。保护装置检修压板投入后，发送的 MMS 和 GOOSE 报文检修品质应置位，同时面板应有显示；保护装置检修压板打开后，发送的 MMS 和 GOOSE 报文检修品质应不置位，同时面板应有显示。

（2）输入的 GOOSE 信号检修品质与保护装置检修状态不对应时，保护装置应正确处理该 GOOSE 信号，同时不影响运行设备的正常运行。

（3）在测试仪与保护检修状态一致的情况下，保护动作行为正常。

（4）输入的 SV 报文检修品质与保护装置检修状态不对应时，保护应报警并闭锁。

（四）异常缺陷处理

1. 继电保护装置告警信息

（1）保护硬件告警信息。继电保护装置提供的硬件告警信息应反映装置的硬件健康状况，且宜反映具体的告警硬件信息（如插件号、插件类型、插件名称等），包含以下内容：

1）继电保护装置对装置模拟量输入采集回路进行自检的告警信息，如模拟量采集错等。

2）继电保护装置对开关量输入回路进行自检的告警信息，如开入异常等。

3）继电保护装置对开关量输出回路进行自检的告警信息。

4）继电保护装置对存储器状况进行自检的告警信息，如 RAM 异常、FLASH 异常等。

（2）保护软件告警信息。继电保护装置应提供装置软件运行状况的自检告警信息，如定值出错、各类软件自检错误信号。

（3）装置内部自检信息。继电保护装置应提供装置内部配置的自检告警信息，应提供内部通信状况的自检告警，如各插件之间的通信异常状况。

（4）装置外部自检信息。继电保护装置应提供装置间通信状况的自检告警信息，如载波通道异常、光纤通道异常、SV 通信异常状况、GOOSE 通信异常状况等。

保护装置应提供外部回路的自检告警信息，如模拟量的异常信息（TA 断线、TV 断线等）、接入外部开关量的异常信息（跳闸位置异常、跳闸信号长期开入等）。

（5）保护功能闭锁信息。保护功能闭锁数据集信号状态采用正逻辑，"1"和"0"的定义统一规定如下：

1）"1"肯定所表述的功能；

2）"0"否定所表述的功能。

保护功能闭锁数据集信号由保护功能状态数据集信号经装置功能压板和功能控制字组合形成。任一保护功能失效，且功能压板和功能控制字投入，则对应的保护功能闭锁数据集信号状态置"1"，否则置"0"。

常见的继电保护装置异常信号如表 4-3 所示。

表 4-3   继电保护装置异常信号一览表

装置	异常信号
继电保护装置	保护死机：硬件原因导致的死机
	保护异常：存储器错误，开入开出异常，程序校验错误、监视模块告警，内部通信异常，HMI 模件异常，双 CPU 通信异常，主从 CPU 状态不一致、开入异常
	SV 总告警：SV 采样数据异常，从 CPU 采样异常，X 侧 SV 采样数据异常（X 侧分别对应高、中、低、公共绕组）
	TA 断线：X 侧 TA 断线
	TV 断线：X 侧 TV 断线
	链路中断：SV 采样链路中断，X 侧电压 SV 采样链路中断，X 侧 SV 采样链路中断（电流）；过程层 A 网 GOCB-XXX 号 GOOSE 接收断链
	站控层通信中断
	同步异常：B 码对时异常

2. 异常缺陷处理

（1）保护死机。

1）故障现象：保护装置无法进行正常操作。

2）可能原因：

a. CPU 插件故障；

b. 电源插件故障；

c. 其他插件故障。

3）检查分析：

a. 电源问题导致装置不能运行，可观察电源板上 5V 及 24V 灯是否正常；有异常则更换电源插件处理。

b. CPU 板故障会较小概率导致装置不能正常运行。

c. 其他插件原因导致的死机问题，如国电南自的 MMI 插件故障，首先检查网口是否能 ping 通，不能 ping 通的需更换硬件；能 ping 通的，可读取 MMI 日志文件，查看异常原因。

4）消缺及验证：

a. 电源插件故障：更换后做电源模块试验；

b. CPU 插件故障：更换板件，进行完整的保护功能测试（具体测试内容见各厂家保护说明书）；

c. 其他插件故障：更换板件，需进行完整的后台通信测试。

（2）保护异常。

1）故障现象：保护"告警"灯亮，后台报"装置异常"信号。

2）可能原因：CPU 及其他插件故障，分为软件原因、硬件原因。

3）检查分析：上述故障一般都是保护装置自身硬件故障，条件允许可读取日志文件，一般即可判断是哪一块硬件发生故障。

4）消缺及验证：

a. CPU 插件故障：更换板件，进行完整的保护功能测试；

b. 其他插件故障：程序升级或更换板件，需进行对应的插件功能测试。

（3）对时异常。

1）故障现象：装置发"对时异常"信号至后台。

2）可能原因：

a. GPS 对时装置原因；

b. 保护装置的对时模件故障。

3）检查分析：

a. 检查后台，若有多台装置同时报对时异常信号，则可能是 GPS 装置出现故障；

b. 如果只有本装置报对时异常信号，则检查直流 B 码电压是否正常；

c. 如果更换直流 B 码接线后仍不能对时正常，需要更换对时模件。

4）消缺及验证：

a. 若 GPS 对时装置故障，则更换 GPS 装置，更换后查看全站装置对时信号；

b. 若保护装置对时模件故障，则更换对时板件，更换后对时信号正常。

（4）保护装置 GOOSE 链路中断。

1）故障现象：后台报"GOOSE 链路中断"，装置"告警"灯亮。

2）可能原因：

a. 主变保护故障：软件运行异常、CPU 板故障；

b. 母线保护故障：软件运行异常、CPU 板故障；

c. 交换机故障：软件故障，硬件故障。

3）检查分析：

a. 检查后台信号，确定该 GOOSE 的其他接收方（测控、终端等）通信正常，则主变保护接收 GOOSE 异常；若其他接收方均出现异常，则判断交换机或母线保护故障。

b. 若主变保护侧异常，首先检查光纤是否完好，光纤衰耗、光功率是否正常，若异常，则判断光纤或熔接口故障。

c. 若光纤各参数正常，在交换机发送端光纤处抓包，若报文异常则交换机故障或母线保护故障；若数据正常，则主变保护本身出现故障。

4）消缺及验证：

a. 主变保护故障：若判断为硬件故障，更换 CPU 后进行完整保护试验验证；若判断为软件缺陷，进行软件升级处理，升级完成后进行完整保护试验；若为光纤故障，更换完光纤，检查各装置链路是否正常。

b. 母线保护故障：若判断为硬件故障，更换 CPU 后进行完整保护试验验证；若判断为软件缺陷，进行软件升级处理，升级完成后进行完整保护试验；若为光纤故障，更换完光纤，检查各装置链路是否正常。

（5）SV 总告警。

1）故障现象：后台报"SV 总告警"，装置"告警"灯亮。

2）可能原因：

a. 合并单元：软件原因、CPU 板件故障、电源板件故障、SV 插件故障；

b. 保护装置：软件原因、CPU 板件故障、SV 插件故障；

c. 光纤或熔接口故障。

3）检查分析：

a. 检查后台，若合并单元有异常信号或多套与该合并单元相关的保护装置有 SV 断链信号，则初步判断为合并单元故障，检查合并单元。

b. 若仅有本间隔保护 SV 链路中断信号，则检查光纤是否完好，光纤衰耗、光功率是否正常，若异常，则判断光纤或熔接口故障。

c. 在合并单元 SV 发送端抓包，若抓包报文异常，则判断为合并单元故障。

d. 在保护装置 SV 接收端光纤处抓包，若报文正常，则判断为保护装置故障。

4）消缺及验证：

a. 合并单元故障，则程序升级或更换板件，若电源板故障，更换后做电源模块试验，并检查所有与合并单元相关的链路通信正常及相关保护的采样值正常；若程序升级或更换 CPU 板、SV 插件，更换后进行完整的合并单元测试。

b. 保护装置故障，则程序升级或更换板件，若电源板故障，更换后做电源模块试验，并检查所有与保护装置相关的链路通信正常及保护的采样值正常；若程序升级或更换 CPU 板、SV 插件，更换后进行完整的保护功能测试。

c. 光纤或熔接口故障，则更换备芯或重新熔接光纤，更换后测试光功率正常，链路中断恢复。

（6）TA/TV 断线。

1）故障现象：后台报"TA/TV 断线"，装置"告警"灯亮。

2）可能原因：

a. 合并单元：交流插件问题，采样硬件问题。

b. 电缆回路：松动脱落。

3）检查分析：

a. 先观察后台报文，查看哪一侧 TA 或者 TV 断线，然后检查相应的合并单元至 TA 或者 TV 之间的电缆，是否有松动脱落现象。

b. 如果无松动脱落现象，则可在合并单元上直接加模拟量查看采样是否正常，检查合并单元交流模件是否正常；如果是采样硬件问题，一般都会有多路采样不准；如果是交流插件问题，一般很少会有多路采样问题。

4）消缺及验证：

a. 合并单元故障，更换交流插件或者采样硬件，并验证更换后采样正常。

b. 电缆回路问题，压紧电缆回路或者更换电缆。

四、安全稳定控制装置

（一）设备简介

安全稳定控制装置是为保证电力系统在遇到大扰动时的稳定性，在电厂或变电站内装设的控制设备，实现切机、切负荷、快速减出力、直流功率紧急提升或回降等功能，是保持电力系统安全稳定运行的第二道防线的重要设施。装置一般由交流插件、CPU 插件、开入插件、开出插件、信号插件、管理插件、电源插件和人机接口组件构成，如图 4-10 所示。

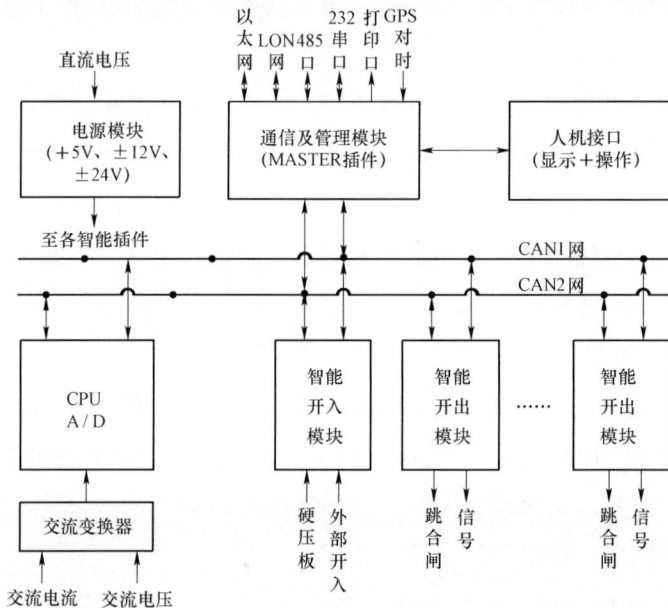

图 4-10 安全稳定控制装置硬件结构图

（二）设备功能

安全稳定控制装置具体功能可概括为以下三点：

（1）配合继电保护提高供电的可靠性（如自动重合闸、备用电源自动投入等装置）。

（2）保证电能质量，提高系统的经济运行水平，减轻运行人员的劳动强度（如自动调节装置、低频减载装置等）。

（3）自动记录故障过程，有利于分析处理事故（如网络分析装置等）。

（三）现场验收要点

安全稳定控制装置及功能配置应符合 GB/T 14285、GB/T 34122、DL/T 478、Q/GDW 421、Q/GDW 11356 的有关要求。

安全稳定控制装置电源、模数转换、开入开出等功能检查应正常，可参照继电保护装置验收项目。

安全稳定控制装置元件/开关检修、方式切换、功能投退、通道投退硬压板投退变位应与程序逻辑一致。装置启动、跳闸、投停等判别原则应符合 Q/GDW 11356 的有关要求。

安全稳定控制装置联调及策略检查应包括站间通道检验、信息交互检查、运行方式判别、控制策略等主要内容。

安全稳定控制装置与监控系统通信状态正常，告警、闭锁或失电后应能在监控后台显示，监控后台显示的告警报文内容与装置实际报文内容一致。

安全稳定控制装置与稳控系统管理主站通信应正常，信息传输正确，网络安全防护应满足 GB/T 36572 要求。

安全稳定控制装置对时及打印功能应正常，应支持接收对时系统发出的 IRIG－B 对时码或满足 GB/T 25931 标准的网络对时，对时精度应满足要求。

安全稳定控制装置宜采用 2Mbit/s 数字接口，复用光纤通道误码率应小于 10^{-8}，控制主站发出的控制命令经多级通道传输到最后一级执行装置的总传输延时不宜超过 20ms。

220kV 及以上安全稳定控制系统应采用双重化配置，每套装置均应能实现完整的安全稳定控制功能，当一套装置退出时不应影响另一套装置的运行。

当双重化配置的两套安全稳定控制装置不能实施确保运行和检修安全的技术措施时，应安装在各自屏柜内。

双重化配置的安全稳定控制装置应遵循采样回路、跳闸回路、电源回路、通信通道、与其他保护及设备配合的回路相互独立的原则，连接回路应使用各自独立的电缆及光缆。

双重化配置的安全稳定控制装置、通道设备及其他关联设备的连接应满足一一对应的要求，同一套系统的直流电源、通信电源应接于同一段直流、通信电源母线。

双重化配置的安全稳定控制系统，其通信通道及相关接口设备应相互独立，并应使用不同的通道路由，通道条件具备时，应配置三条独立的通信路由。不同路由的两个通道，其任一环节的延时差不宜大于10ms。站内和站间的通道组织应正确，且符合相互独立的原则。

安全稳定控制装置投运软件版本应与调控中心和系统保护实验室储存备份版本一致。

（四）检修维护

安全稳定控制装置的投退及定值更改，必须经值班调度员下达指令。任何人未经值班调度员许可，不得擅自改变安全稳定控制装置的运行状态。设备运维单位必须按照现场运行规程及有关规定，对安全稳定控制装置进行监视、巡检。

安全稳定控制装置发生异常或动作，应及时向相应调度控制中心值班调度员汇报。值班调度员接到运行人员装置异常的汇报后，立即根据该装置调度运行规范中有关异常处理的原则进行处理。若对上级调度的安全稳定控制装置有影响时，应按要求汇报上级调度。调度控制机构（简称调控机构）应配合安排系统运行方式，便于消缺工作。

在进行安全稳定控制装置工作时影响到其他专业设备，或在进行其他专业设备工作时影响到安全稳定控制装置的（特别是在共用TA回路的装置上进行试验或工作），必须在工作方案中明确对其他专业设备、安全稳定控制装置的影响。

通信检修维护工作若影响安全稳定控制装置业务，应事先征得相应调控机构同意，并向相应调控机构上报设备停役申请。通信检修维护工作开始前，应确认受影响的安全稳定控制装置已改信号后方可工作。

双套配置的安全稳定控制装置，原则上不允许两套同时退出运行。若因某些特殊情况导致两套异常或故障退出时，值班调度员应立即按照调度运行规范进行处理，并采用双套安全稳定控制装置退出运行后的控制措施。

安全稳定控制装置紧急缺陷消缺时间不超过24h；重要缺陷消缺时间不超过1个星期；一般缺陷消缺时间不宜超过1个月。

（五）异常缺陷处置

安全稳定控制装置异常缺陷处置原则同继电保护装置处置原则一致。

五、微机防误闭锁装置

（一）设备简介

防误闭锁装置是防止运维和工作人员发生电气误操作的有效技术措施，包括电气闭锁（含电磁锁）装置、机械闭锁装置、微机防误闭锁装置（系统）、监控防误系统、智能防误系统、就地防误系统、带电显示装置等。

微机防误闭锁装置（系统）是指通过计算机软件实现锁具之间的闭锁逻辑关系，从而达到电气设备防误闭锁的目的。它主要由微机、模拟屏、电脑钥匙、采信通信、电子闭锁、智能专家等模块组成。微机是核心，其内部贮存和运行全过程的程序控制，可实现接收和分析从现场与模拟显示屏（综自系统）传来的信息监测模拟操作过程、传递操作程序指令、核对操作过程等。模拟操作及显示屏是用于供操作人员在对实际设备进行实际操作前，进行操作预演和显示有关提示信息的装置。电脑钥匙的主要功能是辨别被操作设备身份和打开符合规定程序的被操作设备，以控制操作人员的操作过程。采信通信模块主要作用是及时真实地将设备状态传送到微机，作为逻辑分析依据。电子闭锁模块用于控制被操作设备操动机构的开放与否，它包括电编码锁具和机械编码锁具两部分。为了实现程序闭锁，每一个设备的每一个操作控制点均应装配一把有唯一固定编码的锁具。智能专家用于进行状态判断与逻辑分析。

微机防误系统组成架构如图 4-11 所示。

（二）设备功能

能够实现"五防"功能，即：

1）防止误分、误合断路器；

2）防止带负载拉、合隔离开关或手车触头；

3）防止带电挂（合）接地线（接地开关）；

4）防止带接地线（接地开关）合断路器（隔离开关）；

5）防止误入带电间隔。

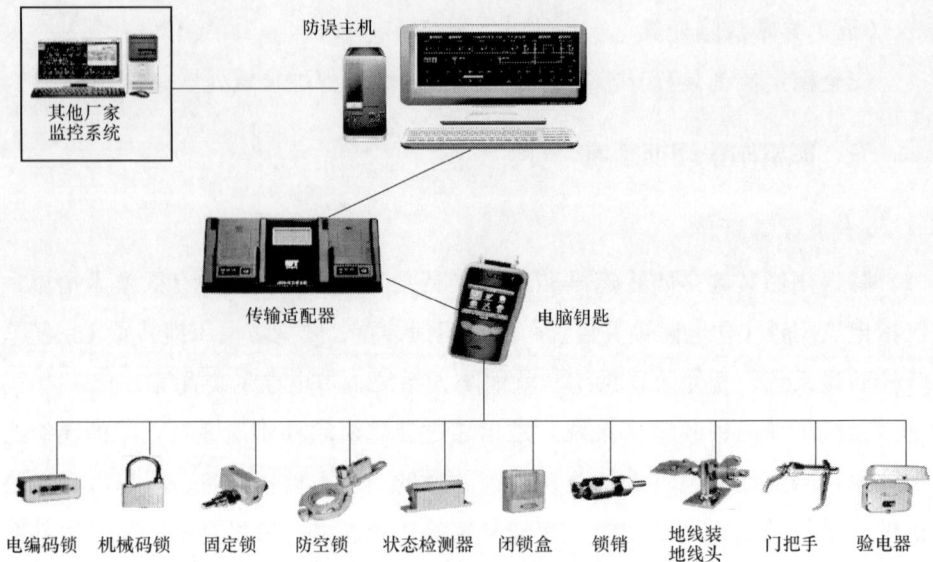

图 4-11 微机防误系统组成架构

图中标注：防误主机、其他厂家监控系统、传输适配器、电脑钥匙、电编码锁、机械码锁、固定锁、防空锁、状态检测器、闭锁盒、锁销、地线装地线头、门把手、验电器

（三）现场验收要点

防误闭锁装置验收可分为整体验收、硬件验收、防误闭锁逻辑及相关资料验收。

1. 整体验收项目

整体验收项目包括机械防误闭锁、电气防误闭锁、电磁防误闭锁、微机防误闭锁验收。

（1）机械防误闭锁。结构应简单、可靠，操作维护方便，尽可能不增加正常操作和事故处理的复杂性。机械闭锁装置应满足操作灵活、牢固和耐环境条件等使用要求。机械闭锁的机械传动部分应有足够的强度，"闭锁/开放"状态应有明显标志，以便于检查。

（2）电气防误闭锁。

1）接入回路中的辅助触点应满足可靠通断的要求，辅助开关应满足响应一次设备状态转换的要求，电气接线应满足防止电气误操作的要求。

2）断路器和隔离开关、接地开关电气闭锁严禁用重动继电器，应直接采用辅助触点，辅助触点接触应可靠。线路无压判别应采用强制性闭锁措施，宜用电压继电器或带电显示器等形式实现电气闭锁。

3）电气闭锁装置（回路）电源应由所用电单独提供，不得与其他电源共用。

（3）电磁防误闭锁。

1）断路器和隔离开关、接地开关电磁闭锁严禁用重动继电器，应直接采用辅助触点，辅助触点接触应可靠。

2）线路无压判别应采用强制性闭锁措施，宜采用电压继电器或带电显示器等形式实现电磁闭锁。

3）电磁锁应采用间隙式原理，锁栓能自动复位，正常时能进行电源测试。锁具应具备防锈、防水、防晒及耐低温特性。

（4）微机防误闭锁。微机防误装置应保证设备状态与实际一致，可通过与监控系统通信实时对位来实现，在通信中断时，微机防误应维持通信断开前的状态，并不得影响微机防误装置的独立运行。

2. 硬件部分验收项目

硬件部分验收项目包括微机防误装置、电磁锁、计算机监控系统防误闭锁验收。

（1）微机防误装置。后台机应采用不间断电源；装置失电，预先编入的防误规则和其他全部信息不应改变和丢失。防误装置锁具及附件应做到防尘、防蚀、不卡涩、防干扰、防异物开启。户外的防误装置还应防水、耐低温。电脑钥匙接收防误主机操作票正常。

（2）电磁锁。锁具应采用间隙式原理，锁栓能自动复位。开锁时灵活，无卡涩；防误装置应优先采用交流电源，并经隔离变压器供电。当需用直流电源时，应与继电保护、控制回路的电源分开。

计算机监控系统。检查不同角色（操作员、监护员等）登录后，操作权限（特别是解锁功能）是否被严格限制；确认系统内置的防误逻辑（五防规则）覆盖所有设备，并与现场实际一致；模拟违规操作（如带负荷拉刀闸）必须被可靠闭锁并告警。关键操作（如接地开关、解锁）必须有独立的硬接点闭锁回路，即使系统故障也能闭锁。执行时必须"一步一核对"，跳步操作应被闭锁。 解锁操作必须经授权审批（密码/钥匙/双人确认），并强制记录原因、人员、时间等信息。系统闭锁判断依赖的设备状态（开关、刀闸位置等）

必须实时准确。通讯中断时，闭锁状态应保持或明确告警。

（四）检修维护

1. 防误周期巡检

防误装置及其附属设备（通信适配器、电脑钥匙、锁具等）巡视检查应随变电站全面巡视同步开展，每半年进行一次维护、除尘、逻辑校验。每年春季、秋季检修预试前，对防误装置进行普查，保证防误装置正常运行。

2. 防误主机维护

（1）检查显示屏显示正常，设备位置与监控系统保持一致。

（2）检查"五防"主机运行正常，USB 口处的"禁止使用 U 盘"的标示清晰、粘贴牢固。

（3）每半年进行一次"五防"主机的电源、CPU 风扇的除尘工作，进行除尘工作应在断电情况下进行，防止人员触电。

（4）对主机和显示屏外壳进行清扫。

3. 微机防误充电座维护

（1）检查充电座充电灯和通信灯指示正常，电脑钥匙已充满电。

（2）对充电座和电脑钥匙进行清扫。

4. 微机防误逻辑校验

（1）微机防误装置的逻辑校验进行每半年进行一次，若新建、改建、扩建工程改动了微机防误装置的逻辑，在改动后也须进行校验。

（2）微机防误逻辑校验校验方法：从微机防误系统中导出闭锁逻辑，与经审核批准的闭锁逻辑进行核对；正逻辑核对，按停送电的正常操作顺序进行模拟预演；反逻辑核对，对其闭锁逻辑中的逐一置反，检查操作能够进行。

5. 电脑钥匙功能检测

在微机防误主机上对处于热备用状态的电容器或电抗器组转冷备用的操作进行模拟预演，模拟完毕后传送操作票至电脑钥匙，检查电脑钥匙接票正确。至现场检测是否能打开隔离开关的机构箱挂锁，此时严禁操作实际设备。最后将操作票回传至防误主机。

6. 接地螺栓及接地标志维护

接地螺栓应焊接良好，无锈蚀、开焊现象；接地螺栓处应粘贴倒三角的接地标志，如有缺失及脱落的应及时补贴到位。

（五）异常缺陷处置

1. 异常信号

常见的异常有逻辑错误、锁具损坏、电编码错等。在日常维护及倒闸操作中发现闭锁逻辑错误时，应报告防误专责，经防误专责同意后进行闭锁逻辑修改。锁具机械部分损坏，芯片完好时，将损坏锁具的芯片和锁牌更换至新锁具即可。锁具芯片损坏，登录微机防误系统，打开采码文件并找到损坏锁具的设备对应的锁码，将其改为新锁的锁码并保存，最后对电脑钥匙进行自学即可。断路器测控屏电编码回路出错一般为接线松动或错误，需进行紧固接线或对接线的正确性进行核实并改线。

2. 异常缺陷处置

常见故障有禁止操作、无法开锁、无法合闸等故障。

禁止操作的原因有：① 未将电脑钥匙放入传送座；② 电脑钥匙有票未进入接收票状态；③ 传输芯片凹槽被脏物严重堵住；④ 电脑钥匙与传送座接触不良；⑤ 电脑钥匙未按"远方"按钮；⑥ 测控屏上"远方/就地"把手在就地状态；⑦ 断路器本体"远方/就地"把手在就地状态。

无法开锁的原因有锁体内部机构卡涩、电池电量不足、电脑钥匙故障等。

无法合闸的原因有电脑钥匙内部继电器损坏、电脑钥匙与电编码锁接触不良等。

六、故障录波装置

（一）设备简介

故障录波装置用于输电线路的稳态录波、故障录波及实时监测和故障分析。当电力系统正常运行时，它进行正常运行（稳态）录波，同时可进行各种运行参数和电气量的实时监测和分析；当电力系统发生故障或运行参数超过设定值时，录波器自动启动进行故障录波，供日后进行故障分析及故障点测距，并且在暂态录波的同时不影响稳态录波。它是电力系统进行实时运行监测、故障分析及测距的可靠工具，是保证电力系统安全运行的有力措施。故障录波装置硬件框图如图 4-12 所示。

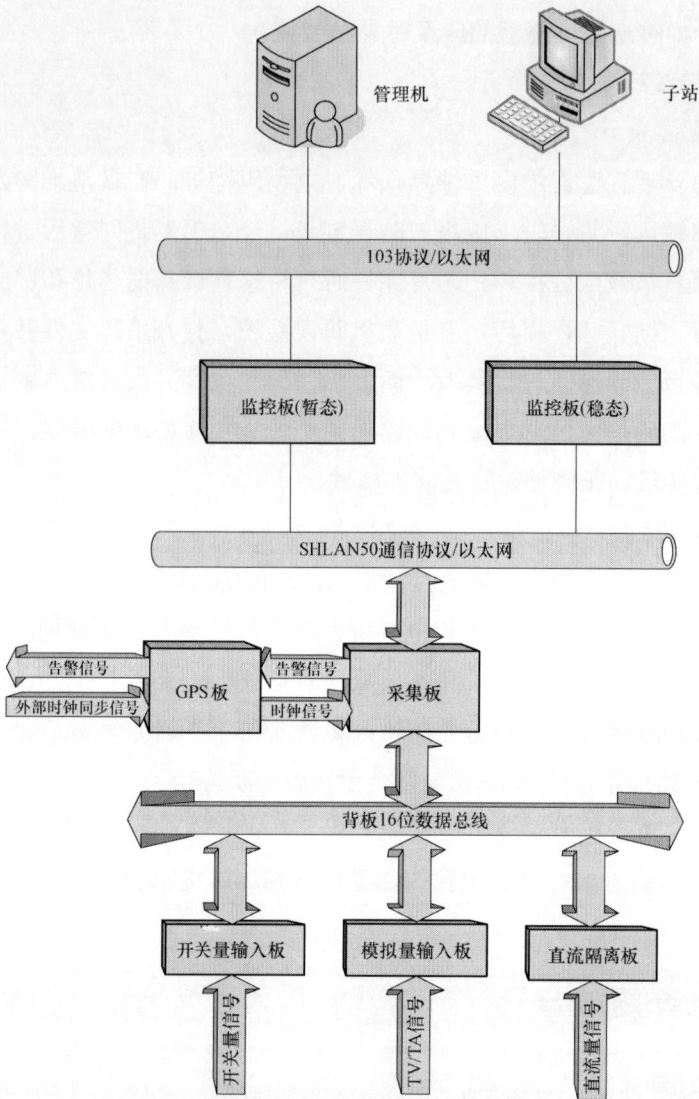

图 4-12　故障录波装置硬件框图

（二）设备功能

故障录波装置用于电力系统，可在系统发生故障时，自动准确地记录故障前、后各种电气量的变化情况。具体功能可概括为以下三点：

（1）根据所记录波形，可以正确地分析判断电力系统、线路和设备故障发生的确切地点、发展过程和故障类型，以便迅速排除故障和制定防止对策。

（2）分析继电保护和断路器的动作情况，及时发现设备缺陷，揭示电力系统中存在的问题。

（3）积累第一手资料，加强对电力系统规律的认识，不断提高电力系统运行水平。

（三）现场验收要点

110kV 及以上电压等级变电站应配置故障录波装置，应选用独立于被监测保护生产厂家设备的产品。

故障录波装置模拟量、开关量（SV、GOOSE）信息采集和记录、故障启动判别、信号转换、录波文件就地调用、录波文件远传等功能应正确，装置动作、异常、告警等信号应正确。

装置提供的故障信息报告应至少包括故障元件、故障类型、故障时刻、启动原因（第一个启动暂态记录的判据名称）、保护及断路器动作情况、安全自动装置动作情况等内容。对线路故障，还应能提供故障测距结果。

故障录波装置的记录端口不应向外发出任何形式的报文。

故障录波装置对时误差不应超过±500μs，在外部同步时钟信号中断的情况下应具备守时功能并能正常录波。

故障录波装置收到异常报文，应能正确告警并启动录波。

故障录波装置应具备原始报文检索和分析功能，应显示原始 SV 报文的波形曲线。

故障录波装置应对合并单元的双 A/D 进行录波。

故障录波装置应具备接入远方故障录波主站条件，应安装杀毒软件并及时升级，并满足网络安全防控要求。

故障录波装置应具备远方启动录波、远方召唤定值等功能。

故障录波装置应能对站用直流系统的各母线段（控制、保护）对地电压进行录波。

（四）检修维护

（1）查看运行日记，查看主界面上运行记录栏，从当日录波器运行情况中观察录波器是否工作正常。

（2）查看通信端口状态，观察主界面下方的状态栏的通信图标，绿色表示通信正常，红色表示中断。

（3）功能测试时，检查是否能从后台调阅故障录波文件，以及录波分析和打印等功能是否正常。

（4）重要告警信号检查，包括装置异常告警、装置失电告警及故障录波装置启动信号等的检查。

（5）与继电保护信息子站通信检查。

（6）装置对时功能检查。

（7）手动启动录波，定时或定期手动启动录波，以观察录波器的启动工作情况。

（五）异常缺陷处置

1. 异常信号

常见的故障录波装置异常信号如表 4-4 所示。

表 4-4　　　　　　　　　　故障录波装置异常信号一览表

装置	异常信号
故障录波器	装置死机、链路中断、重启、开入异常、采样异常、站控层通信中断、同步异常、与主站通信中断

2. 异常缺陷处置

（1）装置死机、重启。

1）故障现象：装置无法进行正常操作。

2）可能原因：装置故障、装置电源空气开关跳闸、软件原因。

3）检查分析：

a. 检查故障录波器死机/重启是否与外接信号有关，断开所有接入报文，若仍死机/重启，则初步判断为装置自身软硬件引起，否则说明由外部报文输入触发。

b. 对于装置自身原因，则需进一步检查电源（输入输出）、其他硬件（内存、硬盘、插件）、软件。

c. 对于外部输入原因，需要检查报文是否有效（时间序列、内容、流量），如果报文一切正常，则可能是报文触发了装置的潜在异常。

4）消缺及验证：

a. 检查电源端子处的输入电压，电源屏与电源端子之间连线是否完好，排除接触不良，电压不足等问题。

b. 检查装置电源模块输出是否达到设计要求，排除因模块老化、抗干扰能力不足、输出功率不足或不稳定，使装置无法正常运行。

c. 检查内存、硬盘、其他插件是否安装良好，装置温度是否在正常范围内，排除因硬件异常导致的装置自复位。

d. 检查软件是否有相关界面提示或跟踪信息可供参考。

e. 进行手动启动试验，主站调阅试验。

（2）开入异常。

1）故障现象：故障录波器内显示的开入量与实际不符。

2）可能原因：

a. GOOSE 开入报文的发送端故障。

b. 故障录波器故障。

3）检查分析：

a. 检查后台，若多套与该 GOOSE 报文相关的其他装置有开入异常信号，则初步判断为该 GOOSE 发送端故障。

b. 在故障录波器 GOOSE 报文接收端抓包，若抓包报文异常，则初步判断为该 GOOSE 发送端故障，若报文正常则为故障录波器故障。

4）消缺及验证：

a. GOOSE 发送端故障，则程序升级或更换板件，若电源板故障，更换后做电源模块试验，并检查所有与合并单元相关装置的采样值正常；若程序升级或更换 CPU 板、通信板，更换后进行完整的合并单元测试。

b 故障录波器故障，则程序升级或更换板件，若电源板故障，更换后做电源模块试验，并检查所有 SV 接收与计算采样值正常；若程序升级或更换 CPU 板、通信板，更换后进行完整的录波功能测试。

（3）采样异常。

1）故障现象：故障录波器内显示的采用值与实际不符。

2）可能原因：

a. 合并单元故障。

b. 故障录波器故障。

3）检查分析：

a. 检查后台，若多套与该合并单元相关的保护装置有采样异常信号，则初步判断为合并单元故障。

b. 在故障录波器 SV 报文接收端抓包，若抓包报文异常，则初步判断为合并单元故障，若报文正常则为故障录波器故障。

4）消缺及验证：

a. 合并单元故障，则程序升级或更换板件，若电源板故障，更换后做电源模块试验，并检查所有与合并单元相关装置的采样值正常；若程序升级或更换 CPU 板、通信板，更换后进行完整的合并单元测试。

b. 故障录波器故障，则程序升级或更换板件，若电源板故障，更换后做电源模块试验，并检查所有 SV 接收与计算采样值正常；若程序升级或更换 CPU 板、通信板，更换后进行完整的录波功能测试。

（4）主站通信中断。

1）故障现象：故障录波器与主站通信中断。

2）可能原因：

a. 故障录波器故障。

b. 故障录波器至省调接入网非实时交换机的链路故障。

c. 省调接入网非实时交换机至省调网关路由器之间设备故障，包括纵向加密装置。

d. 主站自动化策略配置错误。

3）检查分析：

a. 检查故障录波器是否异常，如有异常及告警信息，则为故障录波器故障。

b. 用 ping 命令检查故障录波器至省调接入网非实时交换机是否能够 ping 通，若无法 ping 通，则为此区间故障，逐一排查此区间设备。

c. 用 ping 命令检查省调主站至省调接入网非实时交换机是否能够 ping 通，若无法 ping 通，则为此区间故障，逐一排查此区间设备。

4）消缺及验证：

a. 交换机故障，则程序升级或更换装置，若电源板故障，更换后做电源模块试验，并检查所有网口通信正常；若程序升级或更换装置，更换后进行完整的交换机功能测试。

b. 网线连接异常，更换备用网线，更换通信恢复。

c. 策略配置错误，按照变电站配置策略，客户端收到 PING 响应，通信恢复。

（5）同步异常。

1）故障现象：故障录波器与 GPS 时间不一致。

2）可能原因：故障录波器故障或 GPS 故障。

3）检查分析：

a. 检查时钟设备信号输入有效性，如多套与故障录波器接收相同时钟信号输出板的装置也有采样同步异常信号，则初步判断为同步时钟故障。若其他装置无告警，则用同步信号测试仪验证信号是否有效。

b. 对时信号有效时，检查故障录波器对时配置，如果时钟选择与输入相符，则为故障录波器故障。

4）消缺及验证：

a. 时钟设备故障，则程序升级或更换板件，若电源板故障，更换后做电源模块试验，并检查所有同步输出口的信号是否有效；若程序升级或更换 CPU 板、扩展板，更换后进行完整的时钟设备测试。

b. 故障录波器故障，则程序升级或更换板件，若电源板故障，更换后做电源模块试验，并检查所有对时功能正常；若程序升级或更换 CPU 板、对时板，更换后进行完整的录波功能测试。